全国农业职业技能培训教材

科技下乡技术用书

"为渔民服务"系列丛书

全国水产技术推广总站·组织编写

北方土著鱼类高效
健康养殖技术

金广海　　骆小年　　主编

U0202178

海洋出版社

2017 年 · 北京

图书在版编目（CIP）数据

北方土著鱼类高效健康养殖技术/金广海，骆小年主编. —北京：海洋出版社，2017.3

（为渔民服务系列丛书）

ISBN 978 - 7 - 5027 - 9716 - 4

Ⅰ.①北…　Ⅱ.①金…　②骆…　Ⅲ.①淡水鱼类 - 鱼类养殖　Ⅳ.①S965.1

中国版本图书馆 CIP 数据核字（2017）第 027363 号

责任编辑：朱莉萍　杨　明

责任印制：赵麟苏

海洋出版社　出版发行

http：//www.oceanpress.com.cn

北京市海淀区大慧寺路 8 号　邮编：100081

北京朝阳印刷厂有限责任公司印刷　新华书店发行所经销

2017 年 3 月第 1 版　2017 年 3 月北京第 1 次印刷

开本：787mm×1092mm　1/16　印张：15.25

字数：201 千字　定价：42.00 元

发行部：62132549　邮购部：68038093　总编室：62114335

海洋版图书印、装错误可随时退换

"为渔民服务" 系列丛书编委会

主　　任：孙有恒

副主任：蒋宏斌　朱莉萍

主　　编：朱莉萍　王虹人

编　　委：（按姓氏笔画排序）

<table>
<tr><td>王　艳</td><td>王雅妮</td><td>毛洪顺</td><td>毛栽华</td></tr>
<tr><td>孔令杰</td><td>史建华</td><td>包海岩</td><td>任武成</td></tr>
<tr><td>刘　彤</td><td>刘学光</td><td>李同国</td><td>张秋明</td></tr>
<tr><td>张镇海</td><td>陈焕根</td><td>范　伟</td><td>金广海</td></tr>
<tr><td>周遵春</td><td>孟和平</td><td>赵志英</td><td>贾　丽</td></tr>
<tr><td>柴　炎</td><td>晏　宏</td><td>黄丽莎</td><td>黄　健</td></tr>
<tr><td>龚珞军</td><td>符　云</td><td>斯烈钢</td><td>董济军</td></tr>
<tr><td>蒋　军</td><td>蔡引伟</td><td>潘　勇</td><td></td></tr>
</table>

《北方土著鱼类高效健康养殖技术》
编委会

主　　编：金广海　骆小年

副 主 编：于　翔　刘义新　宋文华　李　赫

编写人员：肖祖国　李敬伟　杨培民　李　军　蒋湘辉

　　　　　胡宗云　王　雷

前　　言

我国是世界淡水渔业发达国家，无论是养殖面积还是总产量均居世界之首，作为大农业的重要组成部分，渔业已经成为我国大农业经济发展中的重要增长点，为繁荣农村经济、扩大就业人口、提高人民生活质量和解决"三农"问题做出了突出贡献。

随着淡水渔业的发展，常规养殖品种产量逐年增加，在消费市场已呈现出供大于求的趋势，而具地区特色的土著野生经济鱼类则供不应求，价格扶摇直上，从而促使我国的土著经济鱼类的养殖业迅速崛起。为普及土著经济鱼类养殖技术，满足广大农民的致富要求，编者根据多年来的科研工作和生产实践经验，编写了《北方土著鱼类高效健康养殖技术》这部书。

本书共分七章，比较全面地介绍了斑鳜、唇䱻、拉氏鲅、鲇、怀头鲇及杂交鲇的生物学特性、人工繁殖、苗种培育、食用鱼饲养、常见疾病防治及北方池塘安全越冬管理等内容。并结合养殖对象选配了大量的图片和养殖实例，内容丰富，图文并茂，通俗易懂。在内容上力求系统性、科学性和实用性，突出科技新成果和新技术。本书可供水产养殖单位、养殖户及水产科技工作者阅读参考。

本书在编写过程中，得到了许多单位领导和同行的热情帮助，特别是辽阳市灯塔良波渔场闻良波场长和邹春波副场长、鸿运淡水鱼养

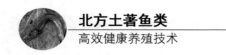

殖公司穆成波总经理、辽中土台朝海养殖场张朝海场长、辽阳县兴大养殖场鲁乃大场长、宽甸县景波水产品养殖场时景波场长等多方惠助。本书的作者都是在该领域内有研究成就的研究员、高级工程师和专家，百忙之中参与了有关章节的编写，本书的初稿由辽宁省淡水水产科学研究院研究员金广海、骆小年完成，金广海完成了全书的统稿工作，最后由辽宁省淡水水产科学研究院李文宽研究员审定。在此，向所有提供图片以及在本书编撰过程中给予无私帮助的朋友们表示真诚的感谢！

由于本书涉及内容广泛，在撰写本书过程中，引用和参考了许多文献，在此向这些文献的作者和出版者致谢！

因编者水平有限，书中疏漏或不妥之处，恳请各位专家读者批评指正。

编　者

目　　录

第一章
斑鳜养殖技术

斑鳜，又名鳌花、花鲫子，隶属鲈形目、鲈亚目、鮨科、鳜属。

斑鳜肉质细嫩，味道鲜美，无肌间刺，营养丰富，素有"淡水石斑"之美誉，鸭绿江第一美味鱼类，深受广大消费者的喜爱。不仅国内市场畅销，而且还出口韩国、新加坡等国家，是我国重要淡水出口创汇鱼类之一。

第一节　斑鳜生物学特性

一、形态特征

1. 外部形态特征

（1）可数性状

背鳍Ⅻ－12～13；臀鳍Ⅲ－8～9；胸鳍15～16；腹鳍Ⅰ－5；侧线鳞88～116；鳃耙5～6；幽门盲囊54～82；脊椎骨26～27。

（2）可量性状

体长为体高的 3.4 ～ 4.1 倍，为头长的 2.6 ～ 3.1 倍；头长为吻长的 3.3 ～ 3.8 倍，为眼径的 3.8 ～ 6.1 倍，为眼间距的 4.5 ～ 6.1 倍；尾柄长为尾柄高的 1.3 ～ 1.6 倍。

（3）形态性状

① 体长形，侧扁，略呈纺锤形，背、腹缘均呈浅弧形。

② 头侧视呈锥形，头长显著大于体高，吻尖。

③ 口大，次上位，下颌突出；口裂大，斜倾；具狭长辅上颌骨，上颌骨后端达到或超过眼中点垂直线。上颌前端和下颌两端的部分齿扩大呈犬齿状，有的下颌犬齿成对并生。

④ 舌狭长，前端近圆形，游离。前鳃盖骨后缘具细齿，下角及下缘具棘状细齿，鳃盖骨后缘有 2 扁平锯齿。

⑤ 体被小圆鳞。侧线完全，近体背部。背鳍、臀鳍和腹鳍均由较强的鳍棘及鳍条组成。腹鳍亚胸位。尾鳍圆形。

⑥ 体色较暗，一般为暗褐色，头部及鳃盖具暗色小圆斑，体表遍布大黑斑或古铜钱状斑。不同地理群体的斑鳜体形明显不同：西江斑鳜的体长体高比值较海河流域斑鳜大，其他性状也存在差异。

（4）斑鳜外部形态见图 1.1，内部构造见图 1.2。

二、生活习性

斑鳜为典型的肉食性底层鱼类，栖息在多石砾的流水环境中，喜藏身于岩缝、石砾中。在自然状态下，斑鳜比翘嘴鳜群繁更明显，群体更大。

图 1.1　鸭绿江斑鳜外部形态

图 1.2　鸭绿江斑鳜内部构造

三、摄食习性

1. 食物

斑鳜以鱼类包括放养的经济鱼类（鲢鱼、鳙等）为食，也食水生昆虫幼虫，偶食蝌蚪和小蛙。

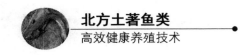
2. 摄食

斑鳜伏击式摄食，摄食过程分为注视、袭击、咬住、吞噬，完成摄食过程的时间比翘嘴鳜短很多。在自然或养殖状态下，斑鳜成鱼的摄食高峰在晚间和拂晓。

3. 消化

斑鳜胃不发达，肠道很短，仅占体长的1/3，因此，抗饥饿能力不强，开口摄食1周的鱼，饥饿3天后开始死亡，7天内全部死亡。饥饿时会出现同类相残现象。

四、繁殖习性

1. 性腺发育

长江水系斑鳜性腺的周年变化，3—4月，精巢主要以Ⅳ期为主，5月大部分精巢都达到Ⅴ期。6—7月精巢以Ⅵ期为主，8月精巢退化至Ⅱ期，9月精巢逐步恢复到Ⅲ期，10月至翌年2月，精巢都处于Ⅲ期，为越冬期精巢。3—5月最初的Ⅲ期卵巢迅速发育至Ⅳ期和Ⅴ期；5—7月，是斑鳜的繁殖期；8—9月，卵巢由Ⅵ期退化为Ⅱ期，进入产后休整期；10月至翌年2月，卵巢为Ⅲ期。

2. 繁殖行为

至效应时间，通常看到的是2尾或2尾以上的雄鱼开始追逐雌鱼，雄鱼前半身紧贴雌鱼腹部，通过头部挤压雌鱼腹部，从而使雌鱼排卵，雌鱼一侧翻身，卵粒随即排出，雄鱼迅速排出精液进行受精，这种产卵行为过程比较短暂，一般持续两分钟左右，产卵高峰的标志为整个水体呈现乳白色（精液释放水体后颜色）。斑鳜一次催产多次产卵，整个产卵过程一般持续 2 ~ 5 小时。

五、斑鳜胚胎发育

斑鳜受精卵孵化时间较一般鱼类长，在 22.2 ~ 25.2℃ 水温条件下，孵化需约 144 小时，破膜后 54 小时即可捕食活鱼苗。斑鳜胚胎发育时序（水温 19 ~ 22℃），见表 1.1；斑鳜胚胎发育见图 1.3。

表 1.1　斑鳜胚胎发育时序（水温 19 ~ 22℃）

发育期	各发育期主要特征	受精后时间	水温（℃）
受精卵	呈圆球形，卵质分布均匀	0	20
胚盘期	呈圆球形，卵质分布均匀，中间有 1 个明显的大油球及数个小油球	1 小时 10 分钟	20
卵裂期			
2 细胞期	胚盘进行第 1 次分裂，分裂成 2 个大小相等的细胞	1 小时 10 分钟	20
4 细胞期	进行第 2 次分裂，分裂面与第一次分裂面垂直，分裂成 4 个细胞	1 小时 40 分钟	20
8 细胞期	进行第 3 次分裂，出现 2 个分裂面，分裂面与第一次分裂面平行，分裂成 8 个细胞	2 小时 10 分钟	20
16 细胞期	进行第 4 次分裂，分裂成 16 个细胞	2 小时 40 分钟	20
32 细胞期	进行第 5 次分裂，分裂成 32 个细胞	3 小时 10 分钟	20
64 细胞期	细胞继续进行分裂，细胞排列不规则，细胞多而小，但细胞界限清晰	3 小时 40 分钟	20
128 细胞期	细胞继续进行分裂，细胞排列不规则，细胞多而小，但细胞界限清晰	4 小时 10 分钟	20

续表

发育期	各发育期主要特征	受精后时间	水温（℃）
桑葚期	细胞继续分裂，分裂速度不一致，开始分层排列，细胞界限模糊，堆叠在卵黄囊上，高高隆起	5 小时 5 分钟	20
囊胚期			
囊胚早期	卵裂继续进行，细胞的数量和层数增多，细胞愈分愈小，形成隆起，呈半圆球状	5 小时 15 分钟	19
囊胚中期	囊胚向四周扩散，下包，囊胚高度开始下降	5 小时 2 分钟	19
囊胚晚期	囊胚继续扩散，变得扁平，下包至卵黄囊约 1/3 处，整个胚胎近似圆形	9 小时 40 分钟	19
原肠期			
原肠早期	隆起下包至卵黄囊约 1/2 部分，边缘隆起增厚，胚环出现	14 小时 30 分钟	20
原肠中期	胚层继续下包 2/3 时，胚胎的一侧，胚环明显隆起，胚盾出现	19 小时	20
原肠晚期	此时胚层下包卵黄囊约 3/4 部分，胚体雏形初现	22 小时 30 分钟	20
神经胚期			
神经胚期	胚层继续下包，胚层下包植物极而形胚孔，孔中可见卵黄栓，胚体基本形状出现，头部隆起	25 小时 30 分钟	20
胚孔封闭期	胚层继续下包，胚孔封闭	26 小时 20 分钟	20
器官形成期			
肌节出现期	在胚体中央部出现肌节 3~4 对，眼原基出现	27 小时 5 分钟	20
眼囊期	椭圆形眼囊出现，肌节 5~7 对	28 小时 10 分钟	20
尾芽期	胚体末端出现圆锥状细胞团，肌节 7~9 对	30 小时 50 分钟	20
尾泡期	尾部变宽，末端较圆，中央可见克氏囊，肌节 9~11 对	31 小时 25 分钟	20

续表

发育期	各发育期主要特征	受精后时间	水温（℃）
耳囊出现期	出现椭圆形眼囊，晶体出现，在卵黄囊和身体前部可见色斑，肌节18~20对	37小时10分钟	21.5
心脏博动期	心脏博动，尾鳍与卵黄囊分离，肌节25~26对	42小时10分钟	21.5
尾鳍出现期	尾边缘延伸出皮褶为尾鳍，肌节28~29对	43小时10分钟	21.5
孵出期	孵出仔鱼全身透明，身体有色斑，眼部开始出现黑色素，眼囊逐渐变黑，口裂与头同宽，卵黄囊呈椭圆形，仔鱼大部分时间静卧水底或附着在鱼巢上不动，避光，偶游动，速度相对较慢	140小时7分钟	22

六、斑鳜和其他鳜类的生物学比较

鳜类，有鳜亚科三属（鳜属、少鳞鳜属、长体鳜属）11种鱼类，分别是翘嘴鳜、斑鳜、大眼鳜、波纹鳜、暗鳜、柳州鳜、高体鳜、长体鳜、中国少鳞鳜、日本少鳞鳜、朝鲜少鳞鳜，在鳜类养殖中，翘嘴鳜、斑鳜、大眼鳜养殖的较多，其他鳜由于在自然水域中分布较窄、个体小、生长慢、经济价值不高养殖较少。骆小年等（2014）综合了一些文献，对几种常见鳜类的生物学进行了比较，见表1.2。

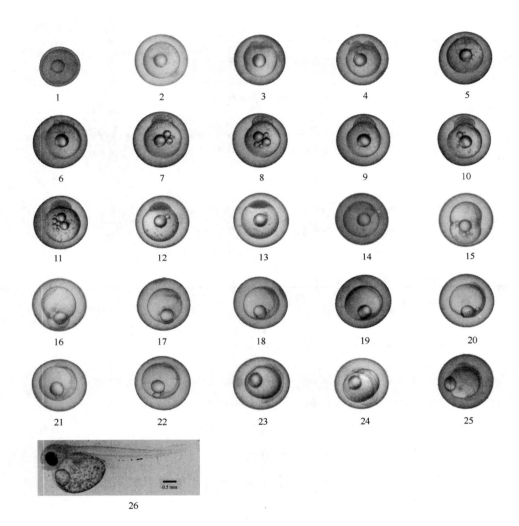

图 1.3　斑鳜胚胎发育

1. 受精卵；2. 胚盘期；3.2 细胞期；4.4 细胞期；5.8 细胞期；6.16 细胞期；7.32 细胞期；8.64 细胞期；9.128 细胞期；10. 桑葚期；11. 囊胚早期；12. 囊胚中期；13. 囊胚晚期；14. 原肠早期；15. 原肠中期；16. 原肠晚期；17. 神经胚期；18. 胚孔封闭期；19. 肌节出现期；20. 眼囊期；21. 尾芽期；22. 尾泡期；23. 耳囊出现期；24. 心脏搏动期；25. 尾鳍出现期；26. 孵出期

表1.2 几种常见鳜类的生物学特征比较

鳜 类	主要形态特征	地理分布	繁殖特性	生长速度
翘嘴鳜	从吻部到背鳍前方有一条斜带，躯干部有一黑色纵带，颊部有鳞，幽门盲囊100以上	黑龙江水系（除辽宁、吉林），南至长江流域、珠江流域等	雌雄鱼1冬龄性成熟；一般怀卵量为3万~20万粒；当水温为（25±0.5）℃时，从受精到完全孵出需40小时	广东1年及以上达商品鱼
斑 鳜	体细长，体被较小不规则斑点，尾鳍基部有一空心斑，幽门盲囊54~158	辽河、鸭绿江及海河、淮河、长江、闽江、珠江流域、越南、朝鲜	雄鱼2冬龄性成熟，雌鱼3冬龄性成熟；怀卵量2万~10万粒；22.2~25.2℃水温条件下，孵化需约144小时	辽宁3年及以上达商品鱼
大眼鳜	从吻部到背鳍前方有一条斜带，躯干部有一黑色纵带，颊部无鳞，幽门盲囊100以下	长江以南各水系	珠江水系怀卵量1万~10万粒；水温24~25℃时，受精卵经69小时23分钟孵化出膜	类似翘嘴鳜
波纹鳜	体侧有浅色的水平波浪纹，幽门盲囊40~88	珠江、钱塘江、长江（乌江、沅江、湘江、赣江）		
暗 鳜	颊部有鳞，体色暗，一般无斑点，幽门盲囊9~17	珠江、闽江、钱塘江、长江（沅江、湘江、赣江）		
长身鳜	体褐色，有小斑点，体长为体高的3.8倍以上，幽门盲囊4~9	珠江、闽江、钱塘江、长江（沅江、湘江、赣江）		

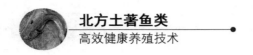
鳜　类	主要形态特征	地理分布	繁殖特性	生长速度
中国少鳞鳜	眼后有三条放射纹，鳃盖后缘有一深色斑点。幽门盲囊3	长江、珠江、钱塘江、木兰溪、闽江、海南岛、越南红河		

第二节　斑鳜人工繁殖

一、池塘繁殖场环境条件

1. 场地选择

水源充足，水质清新，排灌方便，进排水分开，远离污染源，其中水体适宜透明度为 25～40 厘米，pH 值为 7.0～8.5，溶氧量≥5 毫克/升。

2. 亲鱼培育池建设

一般为长方形，堤埂坚固，池底平坦并向一边略倾斜，不渗漏或微渗漏，配备功率不低于 0.5 千瓦/亩的增氧机。池塘面积 2 001～2 668 平方米，池深 2.5～3.0 米，淤泥厚度 10～20 厘米。

二、水库网箱斑鳜繁殖场环境条件

网箱应设置在背风向阳，环境安静，水面宽阔，水深 15 米以上的库湾缓流区；水体透明度 2 米以上，pH 值 7.0～8.0。采用浮式网箱，网箱规格通常为 5 米 ×5 米 ×5 米。

三、亲鱼培育

1. 池塘亲鱼培育

（1）亲鱼来源

国家级、省级斑鳜原（良）种场，或从江河、湖泊、水库选择体质健壮、无伤病的野生斑鳜作亲鱼。

（2）亲本选择标准

雌鱼 3 冬龄以上，体重 0.5～4.0 千克，雄鱼 2 冬龄以上，体重 0.25～3.0 千克。

（3）产前培育

产前培育（春季）雌雄亲鱼分塘（池）饲养；亲鱼放养前 10 天左右每亩池塘用生石灰 75～100 千克或漂白粉 20～30 千克干法清塘；亲鱼放养时用 3%～5% 的食盐水溶液浸泡 5～10 分钟。每亩池塘放养 50～100 尾（100～200 千克）。饵料鱼为适口鲤、鲫、草鱼等鱼种，密度保持在 1 500～3 000 千克/公顷。池塘水深控制在 1.5 米左右，5 月初至催产前每 10～15 天加注新水一次，每次 10～20 厘米。

（4）产后培育

产后亲鱼培育（夏、秋、冬）雌雄可混养，并可搭养鲢、鳙。每 15～30 天注换水一次，每次 20～30 厘米，池水深度保持在 1.5～2.5 米。每亩池塘放养 1 000～2 000 尾（200～400 千克）。饵料鱼为适口鲤、鲫、草鱼等鱼种。早晚巡塘，观察亲鱼的摄食、活动及水质变化等情况，发现问题及时采取措施，并做好记录，建立亲鱼培育档案。

（5）池塘亲鱼捕捞

春季亲鱼分塘和人工繁殖时都要将亲鱼捕出，捕捞的方法是采用拉网将

...

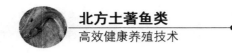

亲鱼捕出分池或进行人工催产。池塘亲鱼捕捞,见图 1.4。池塘培育的亲鱼,见图 1.5。

图 1.4　斑鳜池塘亲鱼捕捞

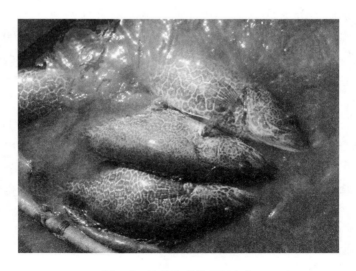

图 1.5　池塘培育的斑鳜亲鱼

2. 水库网箱斑鳜亲鱼培育

基本同池塘培育，产前培育（春季）雌雄亲鱼分箱饲养；夏、秋季和越冬亲鱼可混养。放养密度为 10～20 尾/米³。亲鱼放养前用 3%～5% 的食盐水溶液浸泡 5～10 分钟。亲鱼培育投喂餐条和日本沼虾等冰鲜饵料，每日清晨 5:00 驯化投喂，投饵率 1%～6%，每次以亲鱼不再上浮吃食为宜，一天投喂一次。

四、人工催产

1. 催产期

催产期为 5—6 月，繁殖适宜水温 18～28℃，最适水温 24～26℃。

2. 成熟亲鱼的鉴选

雌鱼有生殖孔、泄尿孔和肛门，生殖孔呈横条状，位于肛门和泄尿孔之间；生殖季节，成熟的雌鱼腹部膨大，卵巢轮廓明显，轻压腹部松软而有弹性，腹中线下凹，生殖孔松弛，微红，抬高尾部可见卵巢轮廓前移，挖卵器取少量卵，透明液处理后镜检观察，卵粒大小整齐，饱满光泽，大部分卵核偏位。雄鱼有泄殖孔和肛门，生殖孔和泄殖孔合为一孔，呈圆形；成熟的雄鱼，腹部也膨大，生殖孔凹陷较雌鱼深，轻压腹部有较浓的乳白色精液流出，入水即散。斑鳜雌雄鉴别，见图 1.6；斑鳜雄亲鱼，见图 1.7；斑鳜雌亲鱼，见图 1.8。

3. 催产药物和剂量

人工催产使用促黄体素释放激素类似物（LHRH－A₂）（图 1.9）、马来

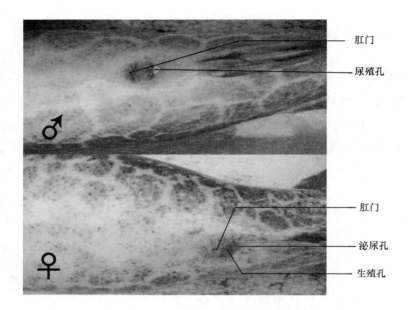

肛门

尿殖孔

♂

肛门

泌尿孔

生殖孔

♀

图 1.6　斑鳜雌雄鉴别

图 1.7　斑鳜雄亲鱼

图 1.8　斑鱖雌亲鱼

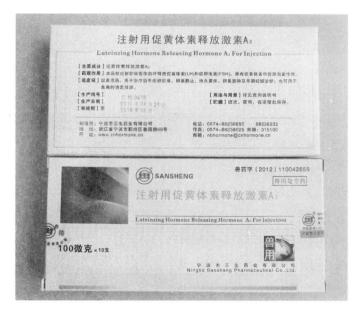

图 1.9　促黄体素释放激素类似物（LHRH－A$_2$）

酸地欧酮（DOM）（图 1.10）和绒毛膜促性腺激素（HCG）（图 1.11）合剂，剂量分别为 8~15 微克/千克、5~10 毫克/千克和 800~1 200 国际单位/千克；雄鱼剂量减半。

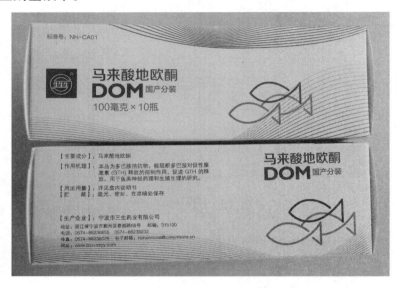

图 1.10　马来酸地欧酮（DOM）

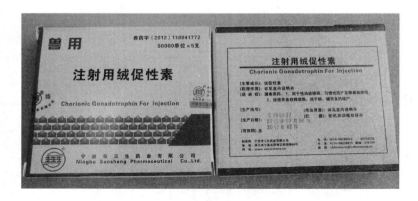

图 1.11　绒毛膜促性腺激素（HCG）

4. 注射方法

背鳍基部肌肉注射，注射药液量为每尾 1～2 毫升，一般一次注射，两次注射时，第一次注射为全剂量的 1/8～1/5，间隔 10～25 小时注射余量。注射见图 1.12。

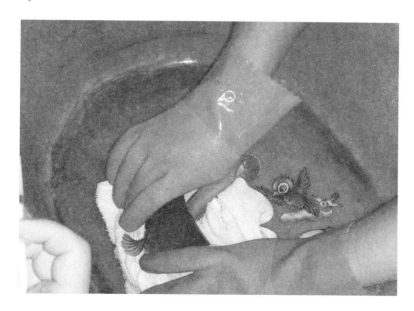

图 1.12　斑鳜亲鱼注射

5. 效应时间

水温 24～26℃，一次注射后的效应时间为 30～35 小时，二次注射后的效应时间为 10～12 小时。

五、产卵与受精

1. 自然产卵

（1）产卵池建设

产卵池一般为水泥池，长方形或圆形，面积 20～40 平方米，水深 1～1.5 米，注排水方便；池内应有微流水或充气设施，保持溶氧充足和水质清新，环境安静，避免惊扰。水泥产卵池，见图 1.13。

图 1.13　斑鳜水泥产卵池

（2）产卵网箱设计

水库网箱繁殖，产卵网箱一般面积为 8～15 平方米，箱体深 1.5～2.5 米。网眼 60 目。产卵网箱，见图 1.14。

图 1.14　斑鳜水库产卵网箱

（3）雌雄配比

自然产卵雌雄配比为 1:1～3。

（4）流水刺激

亲鱼催产后放入产卵池，效应时间前 2 小时开始流水刺激，直至产卵结束，收集鱼卵。

2. 人工授精

将催产后的雌雄亲鱼分开置水泥池中或网箱中暂养，见图 1.15。人工授精雌雄比例为 3:1～6:1。至效应期，挤出精液，置 0～4℃冷藏保存或现挤现做。将雌亲鱼体表擦干，轻压腹部使卵流入干燥的器皿中，迅速将精液洒在卵上，并用羽毛轻轻搅拌 1～2 分钟，然后将受精卵用清水洗 1～2 次，移入孵化桶中孵化。

图 1.15　催产后亲鱼分开放到网箱中

六、人工孵化

可采用孵化环道、孵化桶或水库网箱孵化。受精卵密度为 5 万 ~ 10 万粒/米^3。孵化桶，见图 1.16；受精卵在孵化桶中孵化，见图 1.17。

1. 水质调控

从受精卵至仔鱼摄食一般需要 7 ~ 10 天。孵化期间，孵化环道或孵化桶应流水孵化，水的流速以鱼卵均匀翻动无死角为宜，孵化用水需用 80 目以上筛绢过滤；网箱孵化一般采用充气孵化。

图 1.16 孵化桶

图 1.17 受精卵在孵化桶中孵化

2. 清除死卵

受精卵发育至原肠期后，未受精卵逐步呈浊白色，不透明，可采取漂洗方法将死卵与受精卵分开并剔除。

3. 仔鱼暂养

仔鱼破膜后及时从孵化池中捞出，放入水泥池或网箱中暂养，防止因仔鱼高度密集而缺氧。

4. 配套饵料鱼苗生产

斑鳜催产后，配套饵料鱼亲鱼注射催产时间可用：$t = t_1 - t_2 - t_3$ 计算（t_1：在本批次催产中斑鳜胚胎发育时间；t_2：在本批次催产中饵料鱼胚胎发育时间；t_3：在本批次催产中饵料鱼亲鱼效应时间）。适宜饵料鱼苗为团头鲂仔鱼。

5. 仔鱼出池

水温24℃左右，仔鱼孵出后50～120小时，卵黄囊逐渐消失，体色变深，能水平游泳和吞食饵料鱼时，放入水泥池中培育；水库网箱可采用原箱培育。

七、网箱斑鳜水花鱼苗至夏花阶段活动规律及生长特性

1. 斑鳜水花鱼苗至夏花阶段活动规律

① 第1天，斑鳜水花鱼苗主要分布水体底层。

② 第3～7天，即全长0.7～1厘米，在水体中分布较均匀，游泳迅速，中午阳光充足时到水体上层摄食较多，见图1.18。

图 1.18　中午阳光充足时到水体上层摄食

③ 第 8~17 天，即全长 1~2 厘米，在水体中分布较均匀，活动转换为巡游模式。

④ 第 18 天以后，即全长 2 厘米后，除捕食外，较静止，一般在一个网箱内聚成若干堆，每堆有几十或几百尾斑鳜鱼苗，头朝外呈防御性串状分布，中午偶尔中上层觅食，见图 1.18 和图 1.19。

2. 斑鳜水花鱼苗至夏花阶段生长特性

从表 1.3 可以看出，斑鳜鱼苗培育前 3 天全长日增长约为 0.54 毫米，后期全长日增长较快，约 1 毫米（0.95~1.25 毫米），而体质量增长一直呈快速增长趋势。

图 1.19　体长 2 厘米后开始聚堆

表 1.3　斑鳜鱼苗从水花到夏花生长情况

日期	全长 （毫米）	全长日增长 （毫米）	体质量 （毫克）	体质量日增长 （毫克）
2013.06.11	5.46 ± 0.06		2.05 ± 0.08	
2013.06.14	7.09 ± 0.15	0.54	3.62 ± 0.28	0.52
2013.06.17	10.09 ± 0.45	1.0	8.87 ± 0.36	1.75
2013.06.21	14.50 ± 0.54	1.1	25.10 ± 3.3	4.06
2013.06.25	18.50 ± 0.67	1.0	67 ± 6.8	10.50
2013.06.29	23.50 ± 0.78	1.25	113 ± 10.2	11.50
2013.07.03	27.30 ± 0.88	0.95	175 ± 13.3	15.50
2013.07.07	31.20 ± 0.93	0.98	308 ± 20.8	33.25

八、陆地渔场和水库网箱繁育斑鳜鱼苗优缺点

1. 陆地渔场和水库网箱渔场繁育斑鳜比较

① 陆地渔场和水库网箱渔场人工繁殖斑鳜均能取得成功，但水库网箱更适合鱼苗培育。

② 陆地渔场生产要素相对稳定，可高效规模化繁殖斑鳜，一般催产率达95.3%，受精率达92.3%以上。水库网箱生产要素不稳定，不宜规模化生产。

③ 在北方陆地渔场配套饵料鱼生产成本高，解决难度大；水库网箱渔场可"借鸡下蛋"解决配套饵料鱼，即可从网箱养殖鲤商品鱼中大量挑选成熟好的亲鱼进行配套饵料鱼生产，从而节省饵料鱼生产成本。

2. 水库网箱渔场生产斑鳜鱼苗优势

① 接近自然状态，水库水透明度高，易观察产卵、孵化情况，同时也易观察鱼苗活动，易掌握饵料丰欠。

② 由于水库环境特殊，水库网箱养殖大部分鲤产卵期刚好也是该季节，从网箱养殖商品鱼中可以方便挑选用于繁殖鲤亲鱼，可供挑选群体大，怀卵量大，在水库网箱中易繁殖、易孵化。

③ 水库水体溶氧丰富，水温较稳定，水库水体交换好，给孵化提供了良好外部条件。

④ 一旦发生疾病，药浴方便，每次药浴能淘汰弱苗，起到陆地渔场拉网锻炼目的。

3. 水库网箱渔场配套生产斑鳜鱼苗缺点

① 鲂水花是斑鳜开口适宜饵料，但此时水库网箱鲂亲鱼已过繁殖季节，

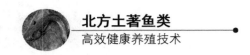

只能用鲤水花做开口饵料。由于鲤水花个体比鲂水花大，应挑选嫩苗（刚平游或即将平游的鱼苗）投喂。

② 斑鳜鱼苗达 2 厘米后，吃食量越来越大，此阶段不仅饵料鱼水花已经不适口了，而且需求量大很难满足。因此寻找适口饵料鱼投喂是提高此阶段鱼苗成活率的关键。

③ 由于是开放水体，药浴完的鱼苗很容易重复感染寄生虫。

第三节　斑鳜苗种培育

一、斑鳜水花至全长 2 厘米苗种培育

在斑鳜苗破膜的第 2 天按常规方法催产团头鲂，催产孵出的鱼苗数量应是开口斑鳜苗数量的 50～100 倍。饵料鱼培育要与斑鳜生长各阶段需要相吻合，培育 1 万尾全长 2 厘米斑鳜夏花，需配套饵料鱼约 500 万尾。从全长 2 厘米开始，培育 1 万尾全长 5 厘米斑鳜苗种，需配套全长 1.5～3.0 厘米的饵料鱼约 100 万尾。斑鳜破膜开口摄食时，保持培育池内饵料鱼苗与斑鳜苗的比例为 8～10：1。经 12～15 天培育，平均全长可达 2.0 厘米，苗种成活率72%。图 1.20 为斑鳜饵料鱼鱼苗（团头鲂）；图 1.21 为全长 2.0 厘米左右斑鳜鱼苗。

二、斑鳜全长 2 厘米以上苗种培育

1. 网箱培育

网箱采用网目为 40 目的发塘箱和 20 目夏花箱配套，网箱规格为 3 米 ×6 米 ×1 米；1 级箱（发塘箱）放养全长 2 厘米的斑鳜夏花密度为 500 尾/米²，

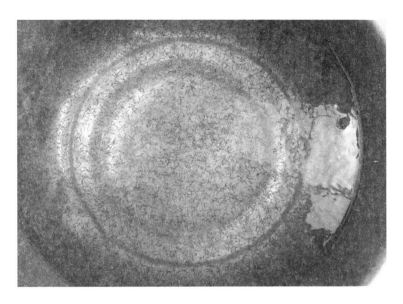

图 1.20　斑鳜饵料鱼鱼苗（团头鲂）

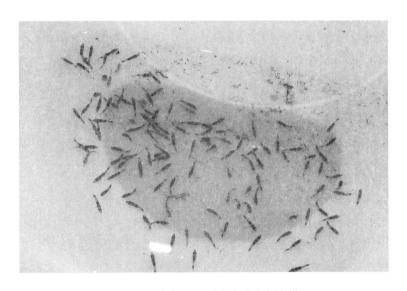

图 1.21　全长 2.0 厘米左右斑鳜鱼苗

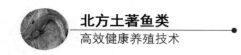
经 10 余天培育，全长达 4 厘米进入 2 级箱（夏花箱）培育，密度为 250 尾/米²。饵料鱼用网箱培育的全长 1.0 ~ 1.5 厘米，1.6 ~ 2.5 厘米，2.6 ~ 3.5 厘米草、鲂、鳙鱼苗，全长为斑鳜全长的 50% 左右。日常管理要经常清除箱壁附着物，检查网箱是否有破损，保持箱内外水体交换良好，水质保持清新，溶氧 5 毫克/升以上。

2. 水泥池培育

水泥池规格一般为 3 米 ×7 米 ×1.0 米，培育方式和方法同网箱培育。日常管理要经常洗刷排污口，每 2 天吸污一次。

三、池塘秋片鱼种培育

1. 池塘条件

池塘为长方形，面积 2 ~ 4 亩①为宜，水深 1.5 ~ 2.5 米，水源充沛，进排水方便。饵料鱼培育池面积为斑鳜秋片培育池的 2 ~ 3 倍。

2. 放苗前准备

放苗前 20 天用生石灰彻底清塘，7 天后注水，每亩施发酵好的有机肥 40 ~ 75 千克。

3. 放苗时间及密度

饵料鱼培育至适口时放入斑鳜苗，放苗前用 3% 食盐水浸泡鱼体 5 ~ 10 分钟，放养密度为 800 ~ 1 000 尾/亩。

---

① 亩为非法定单位，1 亩 ≈666.67 平方米。

4. 饵料鱼培育池

配套的饵料鱼培育池要根据实际情况投放鲂、草、鲤、鲫、鳙等鱼苗，密度 25 万～40 万尾/亩；

5. 日常管理

7 月每周投喂一次，每次投喂的饵料鱼数量为斑鳜苗数量的 3～5 倍，8 月每 5 天投喂一次，9 月中旬以后每 10 天喂一次，每次投喂前用 5% 食盐水浸泡饵料鱼 10 分钟。用密度和饲料量来控制饵料鱼的规格，始终保持饵料鱼的体长为斑鳜体长的 1/3 左右，不得超过 1/2，以保证适口性。

6. 水质管理

每周注水 30 厘米，每 15 天注换水 1/3 左右，保持水体透明度 30～40 厘米，水深 3 米。每天定时开增氧机，保持池中溶解氧（DO）＞5 毫克/升。斑鳜秋片鱼种，见图 1.22。

图 1.22 斑鳜秋片鱼种

第四节　斑鳜食用鱼养殖

一、池塘食用鱼养殖技术要点

1. 池塘条件

养殖池一般为 4 ~ 6 亩，池底平坦，底泥 10 ~ 15 厘米，水源充足，排灌方便，水深 1.5 米以上，最好在 2.0 米左右。

2. 放养前准备

（1）清塘

每亩用生石灰 50 ~ 75 千克干塘清塘（池底留 6 ~ 10 厘米深的水），先将石灰化成石灰浆后，遍洒全池。一般清塘后 7 天可放鱼。或用漂白粉（有效氯含量 30% 左右）清塘，每亩水深 1 米用漂白粉 15 千克，水化后均匀遍洒全池，3 ~ 5 天可放鱼。

（2）饵料鱼培育池

饵料鱼培育池面积一般为食用鱼养殖池的 2 ~ 3 倍。清塘方法同上。

3. 苗种放养

① 先投放饵料鱼，再放斑鳜春片。

② 放养规格：斑鳜春片鱼种要求规格均匀，体色正常，体质健壮，活动敏捷，无病害，规格以 50 ~ 100 克/尾为宜。饵料鱼规格为斑鳜春片鱼种体重的 1/2。

③ 放养密度：斑鳜春片鱼种一般为 800 ~ 1 000 尾/亩，最多不超过 1 500

尾/亩。饵料鱼放养密度为斑鳜春片的 8～10 倍。

4. 饲养管理

饲养前期（4—6 月），每 10 天投喂一次饵料鱼，投喂量为斑鳜总量的 50%；中期（7—8 月），每 5 天投喂一次，投喂量相当于斑鳜的存塘量。后期（9—10 月），每 7 天投喂一次，投喂量相当于斑鳜的存塘量。投喂的饵料鱼，必须经消毒后方可投喂。

5. 水质调节

斑鳜对水质要求较高，水质要活、嫩、爽。养殖期间池水溶氧要保持在 5 毫克/升以上，pH 值 7～8.5，水体透明度 30～40 厘米。

二、网箱养殖技术要点

1. 网箱结构与规格

网箱通常用聚乙烯网片缝制成内外两层的箱体，长方体或正方体，网衣一般选用聚乙烯网线或尼龙网线编结制成。斑鳜网箱规格一般为（4～5）米 × 5 米 ×（2.5～3）米。在鱼种入箱前 7～10 天入水浸泡。

2. 网箱设置区域选择

应选择在库区避风向阳、底部平坦、水深大于 10 米的库湾。

3. 鱼种放养

（1）放养时间

每年 5 月初放苗。

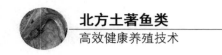

（2）放养规格

要求每箱规格尽量一致，以体重 50～100 克为宜。饵料鱼规格为斑鳜春片体重的 1/2 以下。

（3）放养密度及鱼种消毒

放养密度以每立方米水体 30 尾为宜。鱼种入箱前要进行消毒，一般用 3% 食盐溶液浸洗 5～10 分钟。不同放养密度对 2 龄斑鳜生长的影响，见表 1.4。

表 1.4　不同放养密度对 2 龄斑鳜生长的影响

鱼龄	总放养量（尾）	放养密度（尾/米³）	死亡尾数	入箱鱼种规格（克）	出箱规格（克）
2	1 600	25.6	400	55.33	190
2	1 800	28.8	50	71.50	225
2	1 500	24	50	48.75	200
2	1 200	19.2	380	49.11	180

4. 饲养管理

（1）饲料投喂

鱼种入箱后第二天开始驯食，每天上、下午各投喂一次。前 10 天喂活的小虾，10 天后喂活的小虾和小鱼，20 天后喂活的小鱼小虾加死的小鱼虾。逐渐调整活、死饵料的比例。在饵料鱼不充足时，也可以加入鱼肉块，直至驯化到完全吃鱼肉。日投饵量为鱼体重的 5% 左右。

（2）日常管理

每 10 天冲洗一次网箱，15 天测量一次鱼的生长情况，并做好生产记录。

第五节　斑鳜常见疾病防治

斑鳜属凶猛性鱼类，只吃活鱼、活虾，经驯化可以吃冰鲜死鱼，内服治疗只能通过饵料鱼间接治疗，效果相对较差。因此，要坚持"预防为主、防治结合"的原则，同时严格执行饵料鱼消毒制度，防止病原带入。斑鳜常见病及其防治方法如下：

一、斑鳜虹彩病毒病

1. 病原体

为虹彩病毒。

2. 症状及流行情况

鱼体表基本无异常，鳃盖内侧有出血点，鳃丝色淡并有出血点。腹腔多有腹水，肝脏、胃壁、肠壁充血，肠道内有黄色积液。一般在7—9月流行，成鱼易患此病。

3. 防治措施

此病以预防为主，目前尚无有效的治疗方法。

二、细菌性败血症

1. 病原体

初步认为是嗜水气单胞菌。

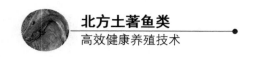
2. 症状及流行情况

疾病早期及急性感染时，病鱼的上下颌、口腔、眼睛轻度充血，鳃盖内侧、鳍基及鱼体两侧有明显的出血点，鳃内充满血块和黏液物。肝脏和胆囊肿大，肝表层深黄色或浅白色。病情严重的鱼，厌食或不吃食，静止不动或发生阵发性游窜，最后衰竭而死。此病发展迅速，在水温 25～30℃ 条件下，急性暴发性的病鱼 3～4 天死亡，严重的病鱼死亡率可达 60%～70%，甚至更高。

3. 防治措施

全池泼洒二氧化氯制剂，使水体中的浓度达 0.7～1.0 毫克/升。

三、锚头鱼蚤病

1. 病原体

锚头鱼蚤。

2. 症状及流行情况

锚头鱼蚤头部钻入鱼体，引起周围组织红肿发炎，形成石榴子般的红斑。大量寄生时病鱼呈烦躁不安，食欲减退、身体消瘦、行动迟缓，终至死亡。此病在斑鳜各养殖阶段均有发生，尤其在鱼种阶段为甚。

3. 防治措施

全池泼洒 1.8% 的阿维菌素溶液，使水体中浓度达 0.08 毫升/米^3。或全池泼洒 0.2% 的伊维菌素溶液，使水体中浓度达 0.08 毫升/米^3。

四、单殖吸虫病

1. 病原体

指环虫病、三代虫病。

2. 症状及流行情况

此病是一种常见的多发病，病原体主要寄生在鱼体表和鳃部。在斑鳜各生长阶段均有发生，少量寄生时没有明显症状，大量寄生时，可引起鳃丝肿胀、贫血，并有大量黏液，病鱼呼吸困难，逐渐死亡。

3. 防治措施

全池泼洒 1.8% 的阿维菌素溶液，使水体中浓度达 0.08 毫升/米^3。或全池泼洒 0.2% 的伊维菌素溶液，使水体中浓度达 0.08 毫升/米^3。

五、纤毛虫病

1. 病原体

车轮虫、斜管虫。

2. 症状及流行情况

病原体寄生在鳃和皮肤上，少量寄生时对寄主危害不大，大量寄生时可引起鳃和皮肤产生大量黏液，体表发炎、呼吸困难，游动缓慢而死。此病一年四季都有发生。

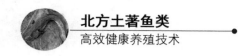

3. 防治措施

硫酸铜和硫酸亚铁合剂（5∶2）0.7毫克/升全池遍洒。

六、聚缩虫病

1. 病原体

聚缩虫。

2. 症状及流行情况

聚缩虫寄生在病鱼的吻端、鳃盖、鳃弓、背鳍，背鳍鳍条溃烂折断缺损，附有成束灰白色的絮状物，在水中尤为明显，发病率高，对网箱养殖斑鳜构成严重威胁。流行时间8—11月。

3. 防治措施

在水温11～15℃时，用苯扎溴铵2 000毫克/升药浴；当水温达到20℃时，浓度可降到1 500毫克/升。

第六节　实例介绍

一、斑鳜陆地渔场高效人工繁殖

1. 时间地点

2008年6至2009年6月，辽宁省凤城市鱼种场，见图1.23。

图 1.23 辽宁省凤城市鱼种场

2. 亲鱼来源

鸭绿江水丰水库网箱。

3. 亲鱼选择

雌雄鱼为 3 冬龄，雌鱼体质量 500～1 500 克，雄鱼体质量 250～1 200 克，数量 180 组。

4. 亲鱼培育

① 雌鱼在 2 号、雄鱼在 4 号池塘分池培育，两个池塘面积均为 2 668 平方米、水深 2.5 米，淤泥厚度 20 厘米左右，每池配备 2 台 1.5 千瓦增氧机，培育期间足量配套投喂鲤、草、鲫、鲢、鳙、泥鳅等鱼种饵料。

② 3 月 30 日将雌雄亲鱼分别挪至车间两个 64 平方米的水泥池（内设充

北方土著鱼类
高效健康养殖技术

气供氧设备）中培育，放养密度为 5 尾/米²，水深 1.5 米，定期注换水，清除池底粪便，4 月上旬水温保持在 10~12℃，中下旬保持在 15~18℃。4 月每 7 天刷池 1 次，进入 5 月每 3 天刷池 1 次。池内保持充分饵料鱼，密度20~30 尾/米²。每池设 20~30 个长 30 厘米左右，内径 20 厘米的光滑圆柱体状履带物供亲鱼隐蔽。凤城市鱼种场斑鳜车间亲鱼培育池，见图1.24。

图 1.24 凤城市鱼种场斑鳜车间亲鱼培育池

5. 催产药物

促排卵素 2 号（LHRH－A₂），绒毛膜促性腺激素（HCG）。

6. 注射方式与剂量

胸鳍肌肉一次注射，剂量为 LHRH－A₂ 10 微克/千克＋HCG 1 000 国际单位，雄鱼剂量减半。

7. 产卵池

产卵池为水泥池，规格 6 米×3 米×1.5 米，底铺塑料布，配备 5 个最大功率 2 000 瓦的加热棒，注入地下水后，充分曝气 2 天。

8. 催产前的准备

在池中配套 60 目网箱一个，大小正好和池大小一致，池底架设小型 500 瓦水泵两个，水泵进水口用 60 目网布包住，水泵开启时间在效应时间前 2 小时左右，直至收卵时结束，产卵池配备增氧气室和人工水草，产卵全程遮阴。产卵过程中水温保持在 24～25℃。

9. 孵化

用虹吸法将受精卵吸出放入孵化桶进行流水孵化，水流量大小以所有卵粒翻起为宜，水的最大流速小于 20 厘米/秒，孵化水温 23～26℃。凤城市鱼种场孵化设施，见图 1.25。

图 1.25　凤城市鱼种场孵化设施

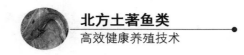

10. 结果

2008 年产卵条件改进前催产斑鳜 90 组，平均催产率为 75.0%，平均受精率为 50.0%，平均孵化率为 75.0%，总计获水花 36.6 万尾，每组平均获水花 4 066 尾，平均畸形率小于 5%。2009 年产卵条件改进后催产 75 组，平均催产率 95.3%，平均受精率 92.3%，平均孵化率 81.7%，总计获水花 75.42 万，每组平均获水花 10 056 尾，平均畸形率小于 1%。结果见表 1.5。

表 1.5 鸭绿江斑鳜催产效果比较

		改进前的人工繁殖方法		改进后的人工繁殖方法		
催产批次		1	2	3	4	5
组数		10	80	20	35	20
♀ : ♂		1 : 0.9	1 : 1.2	1 : 1.1	1 : 1.2	1 : 1.2
催产	催产时间	2008.06.01	2008.06.25	2008.07.01	2009.06.01	2009.06.15
	水温（℃）	20 ~ 22	21 ~ 23	23 ~ 25	24 ~ 25	24 ~ 25
	催产剂	LHRH – A$_2$ + DOM	LHRH – A$_2$ + DOM	LHRH – A$_2$ + HCG	LHRH – A$_2$ + HCG	LHRH – A$_2$ + HCG
	注射次数	二次	二次	一次	一次	一次
	效应时间（小时）	40	38	35	33	28
	产卵方式	人工催情自然产卵	人工授精	人工催情自然产卵	人工催情自然产卵	人工催情自然产卵
	卵粒质量	较好	较差	好	好	好
	产卵（万粒）	18	100	28	42	30
	催产率（%）	70	80	92	98	96
	平均催产率（%）	75.00		95.33		
	受精率（%）	60	40	90	95	92
	平均受精率（%）	50.00		92.33		

续表

		改进前的人工繁殖方法		改进后的人工繁殖方法		
孵化	水温（℃）	19～22	21～23	22～25	22～25	22～25
	孵化方式	孵化缸	孵化缸	孵化缸	孵化缸	孵化缸
	孵化率（%）	80	70	85	80	80
平均孵化率（%）		75.00		81.67		
畸形率		<5%		<1%		
出苗数（万尾）		8.6	28.0	21.42	31.92	22.08
平均组出苗尾数（尾）		4 067		10 056		

11. 斑鳜人工催产过程中关键技术要点

（1）水温调控

生产过程中用电热棒调温，使产卵水温始终调控在 24～25℃的产卵环境中，达到了斑鳜催产的适宜产卵水温，减少了水温变化带来的应激反应。

（2）调控水流

在产卵前后使用小水泵进行流水刺激，既促进亲鱼产卵，还可使受精卵流动起来不至于过于集中而造成局部缺氧死亡。

12. 陆地渔场人工繁殖优势

产卵环境小，简便，节水、省电。

二、斑鳜水库网箱人工繁育

辽宁斑鳜养殖主要在水库网箱，直接在水库网箱中解决苗种生产问题，简便高效，成本低。

1. 时间地点

2012 年 5 月至 2013 年 6 月。辽宁省宽甸满族自治县红石镇景波水产品养殖场，见图 1.26。

图 1.26　辽宁省宽甸县景波水产品养殖场

2. 渔场环境、条件

位于鸭绿江水丰水库，水质清新，向阳，环境安静，无污染，水面宽阔，水深 20 米，透明度 3 米以上，pH 值为 7.0 ~ 8.0，汛期洪水对网箱不构成危害。

3. 亲鱼来源

水库野生苗种人工网箱培育而成。

4. 亲鱼规格、数量

雌雄鱼均为 3 冬龄，规格雌鱼 2 000 ~ 2 500 克；雄鱼 1 500 ~ 2 500 克；数量 200 组。

5. 亲鱼培育箱

双层封闭式网箱，规格为 5 米 ×5 米 ×3 米，养殖密度为 20 尾/米^2。

6. 亲鱼培育

将挑选好的雌雄亲鱼分别放入培育箱，第二天开始投喂餐条和日本沼虾冰鲜饲料，投喂方法采用饱食投喂法。

7. 催产药物

促排卵素 2 号（LHRH – A$_2$）10 微克/千克 + 绒毛膜促性腺激素（HCG）1 000 国际单位。

8. 注射方式

背鳍基部一次注射，雄鱼剂量减半。

9. 催产水温、产卵地点

催产水温 19 ~ 22℃，产卵在产卵箱内进行。

10. 产卵箱设计及条件

产卵箱规格为 3 米 ×3 米 ×2 米，网目为 60 目，配备 280 瓦潜水泵一台，药物注射 36 小时后开启，进行流水刺激，直至产卵结束。

11. 孵化

（1）孵化箱设计

上部为圆柱体，下部为圆锥体，圆柱形部分直径 62 厘米，高 42 厘米，下部为锥形高 80 厘米，最底部直径 7 厘米，底部包裹气石，网目 60 目（图 1.27 至图 1.30）。

图 1.27　孵化箱椎体

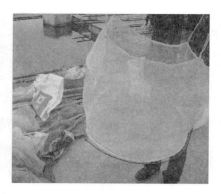
图 1.28　孵化箱柱体

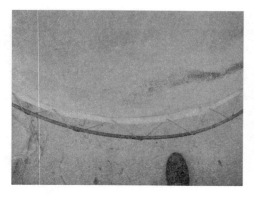
图 1.29　孵化箱与柱体连接处

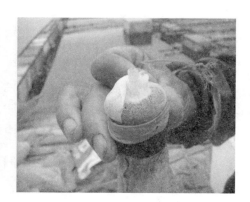
图 1.30　气石包裹处

（2）孵化水温

同产卵水温。

（3）孵化在孵化箱内进行

及时检查产卵箱，发现箱底卵量较厚时（1千克以上），用捞网捞出放入孵化箱孵化。孵化过程中充气量大小以卵粒全部翻滚无死角为宜。每箱放3万～5万卵为宜。

（4）孵化管理

在孵化过程中，观察箱体网眼透水情况，如透水性下降、换箱或者适度刷箱。发现箱内鱼卵水霉严重时，将卵倒出重新漂洗。孵化方法见图1.31。

图1.31　水库网箱斑鳜孵化

12. 结果

两年催产结果（表1.6）表明，斑鳜在水丰水库适宜催产时期在5月27日至6月10日，最佳催产时期在6月1日左右（此阶段催产率大于95%，受精率大于90%）。共计催产亲鱼146组，平均催产率84%，获卵320万尾，平均受精率65%，平均孵化率80%，获水花鱼苗180万尾，两年总计出苗180万尾，平均组出苗12 329尾，平均畸形率小于1%，亲鱼产后死亡率小于1%，两年共孵化饵料鱼（鲤）水花11亿尾，共培育斑鳜夏花40万尾（平均

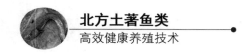

全长3.1厘米），平均2 750尾鲤鱼苗培养一尾斑鳜苗。

表1.6　2012年5月和2013年6月辽宁宽甸景波渔场斑鳜繁育结果

年份		2012			2013		
催产批次		1	2	3	1	2	3
组数		22	33	16	25	35	15
♀：♂		1：1	1：1	1：1	1：1.1	1：1.2	1：1.2
催产	催产时间	2012.5.28	2012.6.1	2012.6.4	2013.5.29	2013.6.1	2013.6.5
	水温（℃）	18~20	18~22	20~24	18~20	18~22	20~24
	催产剂	10微克/千克 LHRH-A_2 +1 000国际单位千克 HCG					
	注射次数	一次					
	效应时间（小时）	40~44					
	产卵方式	人工催情自然产卵					
	产卵（万粒）	50	70	30	60	70	40
	催产率（%）	85	98	75	80	95	70
	平均催产率（%）	84					
	受精率（%）	65	95	50	60	90	30
	平均受精率（%）	65					
孵化	水温（℃）	19-24					
	孵化方式	自制网箱充气孵化					
	孵化率（%）	82	78	83	75	82	82
	平均孵化率（%）	80					
畸形率		<1%					
出苗数（万尾）		26	53.2	12	28.8	50.4	9.6
总计出水花苗数（万尾）		180					
平均组出苗尾数（尾）		12 329					
亲鱼产后死亡率（%）		<1					
总计获斑鳜夏花鱼苗尾数（万尾）		40					

三、斑鳜全长 2 厘米苗种培育

1. 时间、地点

2006 年 6 月，辽宁省淡水水产科学研究院试验场。

2. 培育池

水泥池 3 米 ×7 米 ×1 米，水深 0.8 米。

3. 水源

水源为经过充分曝气的地下水。

4. 苗种来源

本场当年人工繁殖孵出的鱼苗。

5. 放养规格及密度

2006 年 6 月 5 日，斑鳜鱼苗破膜后从孵化箱中捞出，放入准备好的培育池，放养密度为 1 429 尾/米^2。

6. 开口饵料鱼

开口饵料鱼前三天选用团头鲂水花，三天后转喂鲢水花。

7. 日常管理

① 每日观察苗种活动情况，检查摄食和饵料鱼的适口性及苗种生长情况，随时补足饵料鱼，饵料鱼的投放比例 1:8。

② 每天洗刷排污口，吸底清污一次，清除池底中死鱼及粪便。

③ 每2天换水一次，每次换10~15厘米，保持水体透明度30厘米。

8. 出池

6月25日出池，经20天培育，共收获斑鳜2.0厘米苗种2.16万尾，成活率72%，饵料系数7.0。

四、斑鳜秋片鱼种池塘培育

秋片鱼种培育：即将平均全长2.0厘米的斑鳜苗种培育成平均全长约15.0厘米、体质量约50克的秋片鱼种。

1. 培育池

辽宁省淡水水产科学研究院试验场202号，见图1.32和图1.33。

图1.32 辽宁省淡水水产科学研究院试验场

图 1.33　辽宁省淡水水产科学研究院试验场 202 号池

2. 培育池条件

面积 4 亩，池深 2.5 米，池底淤泥≤10 厘米 。

3. 水源

水源为地下水。

4. 苗种来源、规格

本场培育的体质健壮，无病无伤，平均全长 2.0 厘米的斑鳜苗种。

5. 放养前准备

5 月 30 日，按常规方法清塘后注水约 1.0 米，并施生物肥料培养水质，

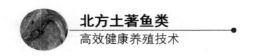

使水质达到肥、活、嫩、爽。6月12日放养饵料鱼草鱼水花100万尾。

6. 放养数量

6月26日饵料鱼苗平均全长达到1.0厘米时，放养平均全长2.0厘米的斑鳜苗种6 200尾，搭配放养平均体质量为150克的鲢400尾、鳙200尾。

7. 日常管理

① 鱼种入池后，每隔5～7天加注一次新水，保持水质清新。7月水深达到2米，pH值7.5～8.5，透明度≥35厘米。坚持每天中午开增氧机1～2小时，每天晚上10:00至次日早晨6:00开启增氧机，保持池水DO≥5毫克/升，JP防止鱼苗缺氧浮头。

② 每日早、中、晚观察水色和苗种活动情况，检查摄食和饵料鱼的适口性及苗种生长情况。

③ 每7天补足一次饵料鱼，保持培育池内适口饵料鱼苗与斑鳜之比为5～8:1。

8. 出塘

经93天养殖，收获鱼种4 371尾，平均全长12.66厘米，平均体质量32.39克，养殖成活率70.5%。

9. 总结

① 斑鳜在苗种期间活动能力强，进食十分凶猛，能否在第一时间吃到适口饵料鱼是鱼苗成活的关键。因此，必须确保开口时饵料鱼的供应要适口、足量，避免因饵料鱼配套量不足或不适口出现互相残食现象的发生。

② 斑鳜在网箱中呈集群分布，因此网箱面积应略小，这样可减少斑鳜运

动消耗，同时利于斑鳜苗摄食。

③ 斑鳜水花至平均全长 2.0 厘米苗种培育，日饵量保持培育池内适口饵料鱼苗与斑鳜苗之比为 8 ~ 10 : 1；全长 2.0 厘米至平均全长 15.0 厘米苗种培育，日饵量保持养殖池内适口饵料鱼苗与斑鳜之比为 5 ~ 8 : 1。

④ 从斑鳜养殖情况看，斑鳜的耐低氧能力较差，不论是水泥池还是池塘养殖都要有增氧设备，并且要保持水质清新、DO ≥ 5 毫克/升、透明度在30 ~ 40 厘米。

⑤ 池塘养殖条件下，斑鳜生活在水体中、下层，喜欢清净有少量水草的水质环境。建议在养殖斑鳜鱼种的池塘，可适量搭配放养鲢、鳙鱼种，既有利于改善生态环境，又可提高经济效益。

五、斑鳜适宜开口饵料

鸭绿江斑鳜苗种开口阶段仍以鲂、草、鲤和鲫等活鱼苗为主，这些饵料鱼苗的供应受季节、价格等因素制约，因此开口饵料供应仍然是制约生产发展的瓶颈，急需解决。2008 年骆小年等进行了以团头鲂仔鱼、枝角类、丰年虫幼体、鱼苗宝 A1 和鱼苗宝 C2 作为斑鳜仔鱼开口饵料单因子试验，结果表明：团头鲂仔鱼为斑鳜仔鱼最佳开口饵料，其次为丰年虫幼虫组。说明丰年虫在一定时间内能保证斑鳜鱼苗的成活率。在生产中，当饵料鱼仔鱼供应不足时，可以考虑用丰年虫幼虫投喂，在一定程度上能暂时缓解饵料鱼供应不足的问题，不同投喂组斑鳜鱼苗腹部肥满度（图 1.34）。

六、不同配合饲料对斑鳜生长的影响

人工配合饲料能在网箱中驯养斑鳜，网箱规格为 3 米 × 6 米 × 3 米，网眼大小为 5 毫米 × 5 毫米；驯养的斑鳜为鸭绿江网箱养殖的 3 龄斑鳜，体长 17 ~ 18 厘米，体质量，84 ~ 91 克，每箱放养 100 尾。饵料以蛋白源不同分为三

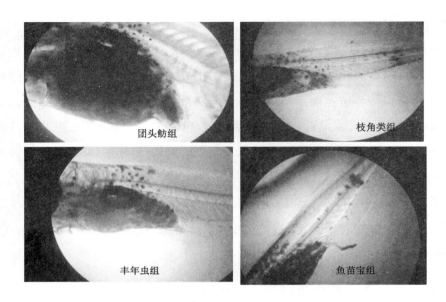

图 1.34　不同投喂组斑鳜鱼苗腹部肥满度

组：Ⅰ为冰鲜鱼糜；Ⅱ为鱼粉；Ⅲ为鱼粉和植物蛋白，原料依次混匀后用绞肉机制成直径为 5 毫米的条状物，最后将饵料两端切成楔形，长度为鱼体长度的 1/3 ~ 1/2。饵料均为当天制作。制成的饵料要松软，长短一致，具有一定的柔韧度和湿度。以饵料组不同分别记做养殖箱Ⅰ、养殖箱Ⅱ和养殖箱Ⅲ；同时以投喂冰鲜杂鱼对照箱，记做养殖箱Ⅳ。上述四个养殖箱各设一重复。每天早晚手撒投饵，早晨投饵要在日出前结束，投喂量约为鱼体重的 5%。

　　经 52 天驯食养殖，斑鳜可以集群摄食软颗粒饲料。由表 1.7 可以看出，第Ⅲ组饲养效果最佳，斑鳜体重达到（155.5 ± 14.0）克，明显高于其他组（$p < 0.05$），饵料系数、生长速度等经济性状Ⅲ组最好。斑鳜的饲养效果依次为Ⅲ > Ⅱ > Ⅳ > Ⅰ，成活率均在 93% 以上。

表 1.7　不同配合饲料对斑鳜生长的影响

实验组	体重（克）		体长（厘米）		成活率（%）	净增重（千克）	增重率（%）	饵料系数
	初始	结束	初始	结束				
Ⅰ	84.6±5.2 [a]	124.0±7.7 [a]	17.6±0.6 [a]	19.94±0.6 [a]	96.06	99	46.6	3.8
Ⅱ	88.6±7.4 [a]	133.3±12.6 [ab]	18.1±0.5 [a]	20.6±0.6 [ab]	95.53	99	50.4	3.4
Ⅲ	91.2±5.7 [a]	155.5±14.0 [b]	18.4±0.5 [a]	19.6±0.8 [a]	93.24	99	76.9	2.2
Ⅳ	84.2±7.2 [a]	128.3±5.3 [a]	18.0±0.5 [a]	19.4±0.2 [a]	95.82	100	48.3	7.8

注：相同字母上标表示所得结果差异不显著（$p > 0.05$）（p 为显著性概率）。

第二章
唇鲭养殖技术

　　唇鲭，属鲤科，鲭属。辽宁鸭绿江流域俗称重唇、重重、白重重，钱塘江水系俗称黄竹、桃花竹。其肉质细嫩，味道鲜美，具有较高营养价值和药用价值，深受消费者喜爱，具有很好养殖前景。

　　我国唇鲭的野生资源分布十分广泛，除少数高原地区外，全国各主要水系均有分布，如东北的鸭绿江、辽河、黑龙江、嫩江上游、松花江、乌苏里江、牡丹江、达赉湖、镜泊湖、五大连池等，滦河、海河、黄河、长江、钱塘江、闽江和海南岛及台湾岛各水系等。在国外，日本、朝鲜、俄罗斯远东地区及越南北部也有分布。目前我国鲭属鱼类共8种：唇鲭、花鲭、长吻鲭、间鲭、短鳍鲭、钱江鲭、大刺鲭、花棘鲭。其中，钱江鲭、大刺鲭、花棘鲭为地域性种，见表2.1。

表 2.1 中国几种鲭属鱼类生物学比较

鲭属鱼类	主要鉴别特征	地理分布	人工养殖开发情况
唇鲭	侧线鳞 50 左右，吻长明显大于眼后头长，唇发达，下唇发达具发达的皱褶	黑龙江至闽江、台湾等地各水系	已开发人工池塘、网箱养殖品种
花鲭	须短，小于眼径，体侧中轴具有 7～11 个大黑斑	黑龙江至长江以南水系	已开发人工池塘、网箱养殖
长吻鲭	侧线鳞 40 左右，吻细长，尖而突出，头长为吻长 2.0 倍左右，体侧具多行小黑点组成的暗纹	鸭绿江、辽河、珠江及浙江部分水系	未人工开发养殖
间鲭	吻长略大于或等于眼后头长，唇不甚发达，鳃耙 11～15	华南及西南部分地区水系	未人工开发养殖
短鳍鲭	背鳍硬刺长度小于头长的 1/2，头长远大于体高，口角达眼前缘的下方	灵江、瓯江	未人工开发养殖
钱江鲭	须长，为眼径 1.5～2.2 倍，体长为尾柄长 6 倍以下，体侧有大小相似排列规则黑褐色小斑点	钱塘江	未人工开发养殖
大刺鲭	背鳍硬刺长远超过头长，头长为眼径长 4 倍左右	西江	未人工开发养殖
花棘鲭	侧线鳞 40 左右，头长为吻长 2.3 倍左右，测线上方有 6～9 个较大圆形黑斑	西江	未人工开发养殖

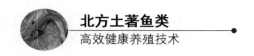

第一节　　唇䱻生物学特性

一、形态特征和内部构造

1. 外部形态特征

（1）可数性状

背鳍 iii - 7；臀鳍 iii - 6；胸鳍 i - 18 ~ 19；腹鳍 i - 8；侧线鳞 49；背鳍前鳞 13 ~ 14；围尾柄鳞 18 ~ 19；鳃耙 15 ~ 18。下咽齿 3 行，齿式：1. 3. 5—5. 3. 1。

（2）可量形状

体长为体高的 4. 0 ~ 4. 9 倍，为头长的 3. 7 ~ 4. 1 倍，为尾柄长的 6. 1 ~ 7. 6 倍，为尾柄高的 9. 6 ~ 11. 0 倍．头长为吻长的 2. 4 ~ 2. 9 倍，为眼径的 3. 5 ~ 5. 2 倍，为眼间距的 3. 0 ~ 4. 8 倍。尾柄长为尾柄高的 1. 6 ~ 1. 9 倍。

（3）形态性状

① 体长，略侧扁，腹胸部稍圆。头大，其长大于体高。吻长而突出，其长显著大于眼后头长。

② 口大，下位，呈马蹄形。唇厚，下唇发达，两侧叶宽厚，具发达的皱褶，中央有小的三角突起（图2.1），常被侧叶所覆盖。唇后沟中断。间距甚窄。口角有须 1 对，长度小于或等于眼径，后伸可达眼前缘的下方。

③ 眼大，侧上位。前眶骨及前鳃盖骨边缘具 1 排黏液腔。

④ 侧线完全，略平直。背鳍末根不分枝，鳍条为粗壮的硬刺，后缘光滑，起点距吻端短于至尾鳍基的距离。肛门紧靠臀鳍起点。臀鳍起点距尾鳍基与至腹鳍起点的距离相等。尾鳍分叉，上下叶等长。

⑤ 下咽齿主行略粗长，末端钩曲，外侧 2 行纤细，短小。鳃耙较长。肠管粗短，其长约等于体长。鳔大，2 室，前室卵圆形，后室长锥形，末端尖细。腹膜银灰色。

⑥ 体背青灰色，腹部白色。成鱼体侧无斑点，小个体具不明显的黑斑。背鳍、尾鳍灰褐色，其他各鳍灰白色。

2. 唇䱛外部形态

图 2.1 为唇䱛外部形态；上下颌形态，见图 2.2。

图 2.1　唇䱛外形图

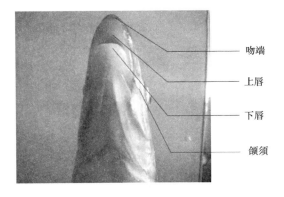

吻端

上唇

下唇

颌须

图 2.2　唇䱛上下颌示意图

图 2.3　唇鲭内部构造示意图

3. 唇鲭内部构造（图 2.3）

二、生活习性

栖息于江河上游有水流处的中下层鱼类，喜低温清流水，湖泊、水库中较少。

三、摄食习性

稚幼鱼主要摄食浮游动物、水生昆虫等。成鱼主要以水生昆虫和软体动物为食，常见的食物有蜉蝣目、毛翅目、摇蚊科幼虫以及螺、蚬等软体动物，也摄食藻类和植物碎片、小虾和小鱼。人工养殖条件下可摄食人工配合饲料。

四、繁殖习性

1. 雌雄鉴别

唇鲭在非生殖季节，雌鱼沿腹部后缘有管状生殖突出，而雄鱼没有；在生殖季节，雄鱼头部从眼到吻端有明显追星，部分雄亲鱼体表粗糙，而雌鱼体表光滑。

2. 繁殖与发育

（1）性腺发育

南方个体 2 冬龄时可性成熟，东北地区需 3 冬龄以上。产卵期在 4—5 月，东北地区较南方迟。成熟的卵为黄色，卵径为 1.3～1.5 毫米，怀卵量一般在 1 万～3 万粒，2 冬龄雌鱼，体长 170 毫米的个体怀卵量 11 300 粒，体长为 215 毫米的个体，怀卵量约在 21 500 粒。

（2）自然繁殖

繁殖季节，亲鱼在池边清理出半径为 1～3 米的似圆形产卵区，亲鱼用嘴将产卵区中的石头和沙子清理干净，产卵区明显整洁干净。在晴天清晨或上午，亲鱼三两成群在此产卵，一般两尾甚至多尾雄鱼追逐一尾雌鱼，并通过身体挤压雌鱼腹部，雌亲鱼排卵同时雄鱼排精，一般卵粒黏于石头、沙粒表面，来回几次，产卵完毕。在孵化过程中，亲鱼一般有护卵行为，当敌害小杂鱼过来时，亲鱼能将其撵走，直到鱼卵破膜为止，如遇人为干扰，亲鱼不再护卵。

3. 胚胎发育

唇鲭卵为圆形，米黄色，卵径（1.94±0.13）毫米；受精卵具弱黏性，卵径（3.07±0.12）毫米；在水温 14～24.5℃，胚胎发育共历时 94 小时 2 分钟，见图 2.4，主要发育时期有胚盘期、卵裂期、囊胚期、原肠胚期、神经胚期和器官形成期；初孵仔鱼全长（8.07±0.27）毫米，卵黄囊体积为（0.55±0.12）立方毫米，5 日龄仔鱼全长（9.74±0.16）毫米，4～6 日龄仔鱼体质量可达 0.003 1 克，卵黄在 6 日龄时基本全部吸收。初孵仔鱼孵出 24 小时内在头部和身体两侧可见透明的感觉芽，于 10 日龄完全消失，见图 2.5。

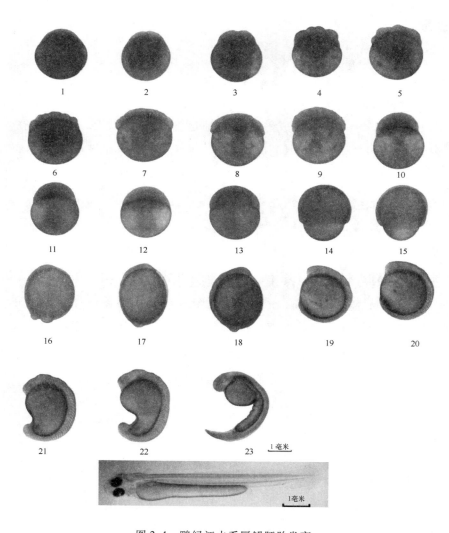

图 2.4　鸭绿江水系唇鲭胚胎发育

1. 胚盘期；2. 2 细胞期；3. 4 细胞期；4. 8 细胞期；5. 16 细胞期；6. 32 细胞期；7. 64 细胞期；8. 128 细胞期；9. 桑椹期；10. 囊胚早期；11. 囊胚中期；12. 囊胚晚期；13. 原肠早期；14. 原肠中期；15. 原肠晚期；16. 神经胚期；17. 胚孔封闭期；18. 肌节出现期；19. 眼囊期；20. 尾芽期；21. 尾泡期；22. 尾鳍出现期；23. 心脏博动期；24. 孵出期

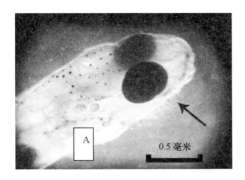

图 2.5　鸭绿江水系唇䱛头部及身体两侧的感觉芽

A：头部的感觉芽；B：体侧的感觉芽

五、唇䱛仔、稚鱼形态发育与早期生长特点

　　唇䱛早期发育见图 2.6 和图 2.7，在水温 19.6～25.8℃条件下，唇䱛初孵化仔鱼全长为（7.92±0.29）毫米，2 日龄头部两侧出现感觉芽；3 日龄鳔一室原基形成，5 日龄红色的脾出现，且仔鱼开口；7 日龄卵黄囊吸收完毕，9 日龄脊索末端开始向上弯曲；10 日龄鳔二室形成，14 日龄脊索弯曲完成，尾鳍边缘开始内凹；32 日龄鳞片开始出现在鳃盖后缘的体表，同时各鳍发育完全，个体发育进入稚鱼期，43 日龄全身被鳞，个体发育进入幼鱼期。根据卵黄囊、脊索和鳞片的变化，唇䱛胚后发育可细分为卵黄囊期（0～6 日龄）、弯曲前期（7～9 日龄）、弯曲期（10～14 日龄）、弯曲后期（15～31 日龄）和稚鱼期（32～43 日龄）。

六、年龄与生长特点

　　唇䱛野生环境下生长的速度较慢，但是鮈亚科鱼类中生长最快的。黑龙江唇䱛 1 冬龄鱼体长 51～68 毫米，3 冬龄鱼体长 137～170 毫米，5 冬龄鱼体

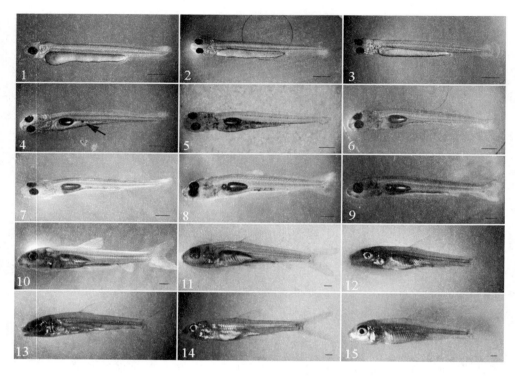

图 2.6　鸭绿江唇䱻仔、稚鱼形态发育

1. 刚出膜仔鱼；2.2 日龄仔鱼；3.3 日龄仔鱼；4.5 日龄仔鱼，箭头示未消化的轮虫卵；5.6 日龄仔鱼；
6.7 日龄仔鱼；7.9 日龄仔鱼；8.10 日龄仔鱼；9.14 日龄仔鱼；10.18 日龄仔鱼；11.22 日龄仔鱼；
12.31 日龄仔鱼；13.32 日龄稚鱼；14.39 日龄稚鱼；15.43 日龄稚鱼（图中比例尺代表 1 毫米）

长 217～250 毫米，8 冬龄鱼体长也仅 315～348 毫米。长江唇䱻的生长速度较
快，1 冬龄鱼体长 115～147 毫米，2 冬龄鱼体长 135～174 毫米，3 冬龄鱼体
长 176～212 毫米，4 冬龄鱼体长 184～255 毫米，5 冬龄鱼体长 265～349 毫
米，6 冬龄 374～420 毫米。辽宁池塘和网箱主养，三年商品鱼规格可达 500
克以上。

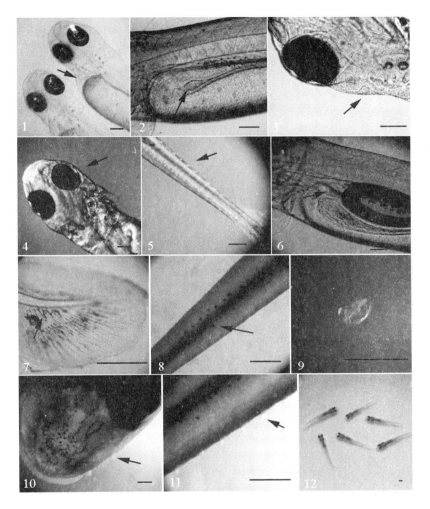

图 2.7　鸭绿江唇䱛仔、稚鱼局部特征

1. 初孵仔鱼的心脏，箭头示心脏；2.2 日龄仔鱼的消化道，箭头示消化道；3.2 日龄仔鱼的头部，箭
头示感觉芽；4.3 日龄仔鱼的头部，箭头示感觉芽；5.3 日龄仔鱼的躯干，箭头示感觉芽；6.3 日龄仔
鱼的脾，箭头示脾；7.9 日龄仔鱼的尾部，箭头是尾下骨；8.31 日龄仔鱼的背部，箭头示斑点；9.32
日龄稚鱼的鳞片；10.43 日龄稚鱼的头部，箭头示感觉芽；11.43 日龄稚鱼的躯干，箭头示感觉芽；
12.43 日龄稚鱼的顶面观（图中比例尺代表 200 微米）

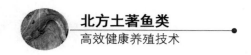

第二节　唇鲹人工繁殖

一、亲鱼培育

1. 亲鱼来源

亲鱼来源于国家级、省级唇鲹原（良）种场，或从江河、湖泊、水库选择体质健壮、无伤病的野生唇鲹作亲鱼。

2. 亲鱼选择

雌鱼 4 龄以上，体质量在 0.75～4 千克，雄鱼 3 龄以上，体质量 0.5～2.0 千克。

3. 亲鱼培育

（1）清塘

4 月初，每亩水深 1 米用 125～150 千克生石灰带水清塘，或用 50～75 千克干塘清塘，或每亩水深 1 米用漂白粉 15 千克带水清塘。

（2）注水

清塘 7～10 天后开始注水，注水深度本着先浅后深的原则。

（3）亲鱼强化培育

雌雄亲鱼分塘饲养，下塘前用 3%～5% 食盐水浸泡 5～10 分钟。放养密度为 100～150 千克/亩。饲料蛋白质含量应在 30%～33%。坚持"定时、定量、定质、定位"投饵原则，每天投喂两次，上午 8：00—10：00，下午 14：00—16：00，日投饲量为亲鱼体质量的 5%～8%。

（4）日常管理

4月初至催产前每10~15天加注新水一次，每次10~20厘米。培育期间每半月泼洒生石灰浆一次，用量为15~20克/米³。早晚巡塘，观察亲鱼的摄食、活动、水质变化情况，发现问题及时采取措施，并做好记录。

二、人工催产

1. 催产期

5月初，水温稳定在15℃以上，亲鱼性腺发育成熟，即可催产。

2. 催产亲鱼的挑选

在非生殖季节，雌鱼沿腹部后缘有管状生殖突出，而雄鱼没有；在生殖季节，雄鱼头部从眼到吻端有明显追星，部分雄亲鱼体表粗糙，而雌鱼体表光滑。性成熟的雄鱼，轻压腹部能挤出白色精液，性成熟的雌鱼，腹部管状生殖突明显红肿，轻压挤，有卵粒流出（图2.8）。

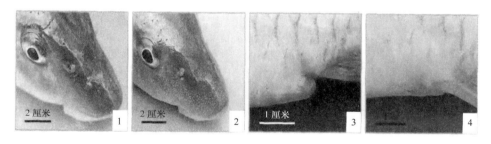

图2.8　唇䱻雌雄鉴别（引自《中国水产科学》徐伟等图）

1. 繁殖期雌性亲鱼头部；2. 繁殖期雄性亲鱼头部；

3. 繁殖期雌性亲鱼泄殖孔；4. 繁殖期雄性亲鱼泄殖孔

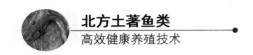

3. 催产药物和剂量

催产药物采用绒毛膜促性腺激素（HCG）、促黄体素释放激素类似物 2 号（LHRH – A$_2$）和马来酸地欧酮（DOM）组合。剂量为 LHRH – A$_2$ 6～8 微克/千克 + DOM 6～8 克/千克 + HCG 1 500～2 000 国际单位/千克。雄鱼减半。每尾注射药液量为 1～2 毫升。

4. 注射方法

一般采用两次肌肉注射，第一次注射量为药液总量的 1/4～1/3，第二次注射剩余药量，两次注射间隔时间依水温而定，一般为 16～25 小时。雄鱼只注射一次，在雌鱼第二次注射时同步进行。

5. 人工授精

将亲鱼捕起，一人抱住鱼，头向上尾向下，另一人用手握住尾柄并用干毛巾将鱼体腹部擦干，随后用手柔和地挤压腹部，将鱼卵挤于盆中，然后将精液挤于卵上，再加入少许生理盐水，用羽毛轻轻搅拌，约 1～2 分钟后，将受精卵均匀地倒入预先置于浅水容器中的鱼巢上，静置 10 分钟左右，待黏牢后，用清水洗去精液，最后将鱼巢放入孵化容器中孵化。

三、孵化

1. 孵化设施

孵化环道：环宽 0.8～1 米，水深 0.8～1.2 米，容积为 5～10 立方米；孵化缸（水深 0.8～1 米，容积为 1.0～1.5 立方米）；孵化槽（水深 0.3～0.4 米，容积为 1.0～1.5 立方米）。

2. 孵化方法

可采用脱黏孵化或不脱黏孵化。

3. 放卵密度

微流水孵化，每立方米放卵 $1 \times 10^5 \sim 3 \times 10^5$ 粒，静水孵化每立方米放卵 $2 \times 10^4 \sim 3 \times 10^4$ 粒。

4. 孵化管理

微流水孵化以每小时换水 $0.1 \sim 0.2$ 立方米为宜，并保持水位稳定，静水孵化每天换水 $30\% \sim 50\%$，边排边进。孵化用水要求水质清新，溶氧充足，pH 值 $7 \sim 8$。勤刷过滤纱窗，防止水温突变。

5. 出苗

鱼苗破膜后 $5 \sim 6$ 天，体表由乳白色变为灰色，能平游后便可下塘。

第三节　唇鲴苗种培育

一、夏花鱼种培育

1. 培育池的准备

① 放苗前 $10 \sim 15$ 天，用生石灰彻底清塘。

② 施肥：放苗前 $5 \sim 7$ 天施有机肥，有机肥应发酵、腐熟，并用 $1\% \sim 2\%$ 生石灰消毒；施肥 3 天后将池水加深至 0.5 米，5 天后加深至 1 米，进水

时要用 60 目的密网过滤。

2. 苗种来源及质量

从国家级或省级原（良）种场购入或自育。外购苗种应取得有关部门检疫合格证。苗种应规格整齐，体质健壮，无病无伤。

3. 鱼苗放养

选择晴天，在池塘上风处投放，放养密度为 10 万～15 万尾/亩；同一池塘放养同一批孵化的鱼苗；投放鱼苗时运鱼水温与池塘水温差不超过 2℃。

4. 饲养管理

（1）投饲

鱼苗放养后，每天用豆浆投喂。前 5 天黄豆用量为 2 千克/亩，10 天后酌情增加，每天 2 次，全池均匀泼洒。

（2）巡塘

每天应多次巡塘，观察池鱼的摄食、活动、水质等情况，及时清除水蜈蚣、蛙卵、杂草、水绵、水网藻等，发现问题及时采取措施，并做好记录。

（3）分期注水

鱼苗放养一周后，每隔 5～7 天注水一次，每次加水 10～15 厘米。待鱼体全长达 3 厘米时，池塘水深保持在 1.3～1.5 米。

（4）拉网锻炼

鱼苗经 25～30 天的培育，体长达 2.5～3 厘米即可出池分塘或出售，出池前须进行拉网锻炼 2～3 次。

二、1 龄鱼种培育

1 龄鱼种培育是指将唇䱻夏花鱼种再经过一段时间的精心饲养，培育成较大规格的当年鱼种。

1. 清塘

在鱼苗下塘前 10 ~ 15 天，每亩水深 1 米用 125 ~ 150 千克生石灰带水清塘，或用 50 ~ 75 千克干塘清塘，或每亩水深 1 米用漂白粉 15 千克带水清塘。

2. 注水、施肥

清塘 7 ~ 10 天后，注水至 0.8 ~ 1.0 米，每亩施发酵好的有机肥 40 ~ 75 千克。保持池水透明度在 25 厘米左右。

3. 夏花鱼种质量

规格整齐，体表光滑、完整，无伤病，无畸形，活动能力强。外购鱼苗应经检疫合格。

4. 鱼种放养

夏花鱼种下塘前，用 3% ~ 5% 的食盐水溶液浸洗 5 ~ 10 分钟。放养密度一般为每亩 1 万 ~ 1.5 万尾，鲢夏花 2 500 ~ 3 000 尾。

5. 驯食

夏花鱼种放养后第二天开始驯食，投喂粒径为 0.5 毫米的微颗粒料或破碎饲料，同时给予响声，日投饵 2 ~ 3 次，每次 20 ~ 30 分钟，至池鱼驯化成集群上浮水面抢食。

6. 投饲

坚持"四定"投喂原则，人工或机械投喂均可，日投喂量为鱼体质量的

5%～10%，日投喂 3～4 次，根据水温、天气、鱼摄食情况增减，每次实际投喂量以 80% 以上的鱼吃饱离去为宜。

7. 日常管理

（1）巡塘

每天早晚巡塘，观察池鱼摄食、活动、水质等情况，发现问题及时采取措施，并做好记录。

（2）定期注水

每隔 15 天左右注换水一次，每次 10～15 厘米，使水位保持 1.5 米左右。

8. 出塘和越冬管理

秋末冬初，水温降至 10℃ 左右，鱼已不大摄食时便可将鱼种拉网出塘，作为池塘、湖泊和水库放养之用。如要留到明年春季，就需在池塘中越冬。

① 注水和施肥。

② 扫雪和控制浮游动物。

③ 适当补水和增氧。

三、2 龄鱼种培育

2 龄秋片鱼种培育是指将一龄唇䱻鱼种培育至翌年秋天。

1. 池塘准备

培育鱼池的准备同 1 龄鱼种。

2. 鱼种质量

要求规格整齐，体质健壮，体表光滑，鳞片完整，无伤病，无畸形，规格 35～40 克。外购鱼种应经检疫合格。同一池塘要放同一规格苗种。

3. 放养密度

鱼种下塘前用 3%～5% 的食盐水溶液浸洗 5～10 分钟。放养密度根据养成规格和产量确定，一般每亩放养 5 000～10 000 尾，鲢夏花 2 500～3 000 尾。

4. 饲养管理

饲养管理与 1 龄鱼种培育相同。

5. 出塘和越冬管理

出塘同 1 龄鱼种。越冬管理参照本书第七章。

第四节 唇鲷食用鱼养殖

唇鲷的食用鱼养殖是指从 2 龄鱼种养成食用鱼的生产过程。

一、放养前的准备

同 2 龄鱼种养殖池准备，清塘后注水 0.8～1.0 米。

二、鱼种质量

要求规格整齐，体质健壮，无伤病，无畸形，规格在 150 克以上。

三、鱼种放养时间

在 5 月中旬进行，有条件可进行秋放。

四、放养密度

放养前用 3% ~5% 的食盐水溶液浸泡消毒 5 ~10 分钟。一般每亩放养二龄唇鲭 1 500 ~2 000 尾，鲢、鳙夏花 3 000 ~5 000 尾。

五、驯食

鱼种放养后第二天开始驯食，投喂粒径为 2.0 毫米的颗粒饲料，同时给予声响刺激，日投饵 3 ~5 次，每次 30 ~60 分钟，驯至使鱼群能集中上浮水面摄食。

六、饲养管理

总投饵率约为池鱼体质量的 2% ~6%。一般每 10 ~15 天注换水一次，每次 20 ~30 厘米。每 15 天泼洒生石灰一次，用量为 15 ~20 克/米^3。每天早、晚巡塘，观察池塘水质、鱼的活动情况和有无发病征兆，发现问题及时采取相应措施，并做好记录，建立档案。

七、出塘和越冬管理

2 龄鱼种饲养到秋天就可出塘销售，如欲留到次年春季，就需在池塘中越冬。越冬管理参照本书第七章。

第五节 唇鲭常见疾病防治

在生产实践中，已发现的唇鲭疾病主要有细菌性烂腮病、锚头鱼蚤病、车轮虫病等。

一、细菌性烂腮病

1. 病原体

柱状嗜纤维菌。

2. 症状及流行情况

病鱼体色发黑，游动迟缓，鳃盖骨的内表皮往往充血发炎，鳃组织黏液增多，因局部缺血而呈淡红色或灰白色。严重时，鳃小片坏死，鳃丝末端腐烂，并附着污泥等物。此病在 15～30℃ 均可发病，水温越高越易流行，危害也越严重。

3. 防治措施

① 全池泼洒二氯异氰尿酸钠，使池水成 0.3～0.6 毫克/升的浓度。

② 全池泼洒三氯异氰尿酸，使池水成 0.3～0.5 毫克/升的浓度。

③ 氟苯尼考拌饵投喂，每日 7～15 毫克/千克体质量，连喂 3～5 天。

④ 磺胺间二甲氧嘧啶拌饵投喂，每日 100～200 毫克/千克体质量，分两次投喂，连喂 3～6 天。

二、锚头鱼蚤病

1. 病原体

锚头鱼蚤。

2. 症状及流行情况

锚头鱼蚤以头胸部插入寄主的肌肉与鳞下，而胸腹部则裸露于鱼体外，

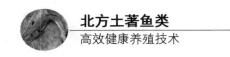

在虫体寄生部位可见针状虫体。虫体老化时，虫体表面常有原生动物及藻类
附生。病鱼通常呈现烦躁不安，食欲减退，身体瘦弱，行动迟缓，终至死亡。
此病主要发生在鱼种和食用鱼养殖阶段（图 2.9）。

图 2.9　唇鲭体表寄生锚头鱼蚤

3．防治措施

全池泼洒 90% 晶体敌百虫，使池水成 0.3～0.5 毫克/升，一般需在半个
月内连续施药 2 次。

三、车轮虫病

1．病原体

车轮虫。

2. 症状及流行情况

少量寄生时，没有明显症状；大量寄生时，刺激鳃丝和皮肤分泌大量黏液，体表有时出现一层白翳。

3. 防治措施

用0.7毫克/升硫酸铜和硫酸亚铁合剂（5：2）全池遍洒。

第六节　实例介绍

一、唇鳎人工繁殖

1. 时间地点

2009年5月至2010年6月，辽宁省凤城市鱼种场。

2. 亲鱼来源

① 凤城市圣泉渔业有限公司池塘中挑选唇鳎亲鱼（鸭绿江及其支流叆河中收集野生唇鳎苗种于池塘内培育）。

② 鸭绿江水丰水库网箱养殖的唇鳎亲鱼中挑选100组（鸭绿江及其支流叆河中收集野生唇鳎苗种于网箱中驯化培育）。

3. 亲鱼选择

雌雄鱼3冬龄以上，雌鱼体重500～4 000克；雄鱼250～2 000克。唇鳎繁殖用亲鱼，见图2.10；唇鳎亲鱼鉴选，见图2.11。

图 2.10   唇鲭繁殖用亲鱼

图 2.11   唇鲭亲鱼鉴选

4. 亲鱼培育

（1）土池培育

培育池 4 亩，水深 1.5 ~ 2.5 米，淤泥厚度在 10 厘米以下，微流水养殖，培育期间投喂鲤成鱼颗粒饲料。唇鲭亲鱼培育池塘，见图 2.12。

图 2.12　唇鲭亲鱼培育池塘

（2）水泥池培育

水泥池 70 平方米（内设充气供氧设备），雌雄分池培育，水深 1.1 米，水温保持在 10 ~ 20℃。定期注换水，清除池底粪便，每天投喂鲤成鱼颗粒饲料 2 ~ 3 次。

（3）网箱培育

网箱 5 米 × 5 米 × 3 米，雌雄鱼分箱培育。每天投喂鲤成鱼颗粒饲料 3 ~ 4

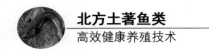

次。

5. 人工催产

（1）催产药物和剂量

催产药物采用绒毛膜促性腺激素（HCG）、促黄体素释放激素类似物 2 号（LHRH - A$_2$）和马来酸地欧酮（DOM）组合。剂量为 LHRH - A$_2$ 6～8 微克/千克＋DOM 6～8 毫克/千克＋HCG 1 500～2 000 国际单位/千克，雄鱼减半，每尾注射药液量为 1～2 毫升。

（2）注射方法

肌肉二次注射，第一次注射量为药液总量的 1/4，第二次注射剩余药量，两次注射间隔时间 16 小时。雄鱼只注射一次，在雌鱼第二次注射时同时进行。

（3）产卵方式

人工催产自然产卵；人工催产人工授精。

（4）催产批次

2009—2010 年共进行 7 批次唇䱻全人工繁殖，2009 年第一批次为人工催产自然产卵；其余批次均为人工催产人工授精。唇䱻人工授精，见图 2.13；唇䱻受精卵，见图 2.14。

6. 孵化方式

孵化槽、孵化桶、水泥池及孵化桶＋孵化槽，其中孵化桶＋孵化槽的孵化方式即受精卵破膜前一直在孵化桶中孵化，至破膜期挪至孵化槽中孵化。孵化桶孵化均采用脱黏孵化，具体操作是向受精卵中加入适量浓泥浆搅拌 1～2 分钟脱黏，然后再用清水漂洗后置孵化桶中孵化。孵化过程中保持微流水，水体溶解氧 6 毫克/升以上。唇䱻孵化桶，见图 2.15；唇䱻孵化槽，见图 2.16。

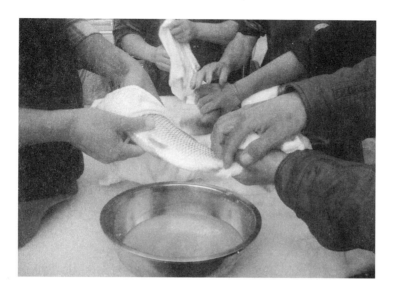

图 2.13　唇䱗人工授精

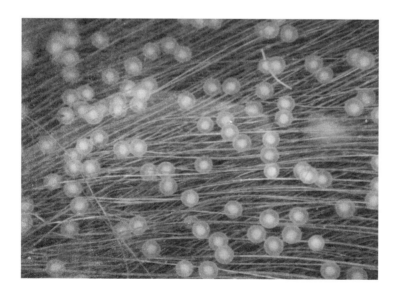

图 2.14　唇䱗受精卵

图 2.15　唇䱻孵化桶

图 2.16　唇䱻孵化槽

7. 唇䱗人工繁殖总结

（1）结果

① 2009 年第一批采用二次注射，在水温 16～18℃时催产 10 组，自然产卵，卵发白且卵径较小，质量较差，催产率仅为 10%，受精率为 0%。

② 第二批采用二次注射，在水温 16～18℃时催产 12 组，人工授精，雌雄比例为 1:1 共获卵 28 万粒，催产率 80%，受精率 88%。

③ 2010 年采用二次注射，在水温 12～14℃，进行 5 批次共催产 209 组，干法授精，雌雄比例为 2:1～3:1，催产率最高达 100%，受精率最高达 98%，畸形率较低（<1%）。

（2）人工繁殖总结

① 两年催产孵化结果表明，在水温 12～21℃，雌雄比例为 2:1～3:1，采用二次注射 LHRH – A_2 + DOM + HCG，干法授精，催产率和受精率均高于 70%。

② 在孵化方式上，以采用孵化槽或孵化桶 + 孵化槽孵化效果最好，孵化率≥85%，畸形率小于 1%。

唇䱗催产效果比较，见表 2.2。

表 2.2　唇䱗催产效果比较

项目 ＼ 年份	2009		2010				
催产批次	1	2	1	2	3	4	5
组　　数	10	12	9	20	40	40	100
♀ : ♂	1:1	1:1	2:1	3:1	3:1	2:1	2:1

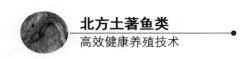

续表

	年份 项目	2009		2010				
催产	催产时间	2009.05.06	2009.05.07	2010.05.04	2010.05.08	2010.05.10	2010.05.14	2010.05.24
	水温（℃）	16～18	16～18	12～14	13～15	16～18	14～16	18～21
	催产剂	LHRH－A₂＋ DOM＋HCG	LHRH－A₂＋ DOM＋HCG	LHRH－A₂＋ DOM＋HCG	LHRH－A₂＋ DOM＋HCG	LHRH－A₂＋ DOM＋HCG	LHRH－A₂＋ DOM＋HCG	LHRH－A₂＋ DOM＋HCG
	注射次数	二次	二次	二次	二次	二次	二次	一次
	效应时间（小时）	20	26	26	24	23	26	24
	产卵方式	人工催情 自然产卵	人工 授精	人工 授精	人工 授精	人工 授精	人工 授精	人工 授精
	卵粒质量	不好	好	好	好	好	好	较好
	产卵（万粒）	几百粒	28	25	42	70	75	230
	催产率（%）	10	80	100	95	74	80	80
	受精率（%）	0	88	98	86	80	75	85
	亲鱼成活率（%）	100%	86%	85%	80%	85%	82%	88%
孵化	水温（℃）	13～18	13～18	13～16	13～15	16～18	14～16	18～21
	孵化方式		网箱孵化	孵化槽	孵化缸 ＋孵化槽	水泥池	水泥池	水泥池
	孵化率（%）		42	85	92	50	60	80
	畸形率				<1%			
	出苗数（万尾）	0	10.3	20.8	33.2	28	33.8	156.4

二、夏花鱼种培育

1. 时间地点

2011年6月，辽宁省汤河水库渔场。

2. 池塘、面积

102号池，面积10亩。

3. 水源

汤河水库底层水。

4. 放苗前准备

用生石灰彻底清塘。放苗前 5～7 天施发酵、腐熟的有机肥肥水；施肥 3 天后将池水加深至 0.5 米（加水时用 60 目的密网过滤），7 天后加深至 1 米，池塘溶氧不低于 5 毫克/升，水温 22～29℃。

5. 鱼苗放养

放养自繁 5 日龄水花 10 万尾。

6. 分期注水

鱼苗放养一周后，每隔 5 天注水一次，每次加水 10～15 厘米。待鱼体全长达 3 厘米时，池塘水深保持在 1.5 米。

7. 饲养方法

鱼苗放养后，每天用豆浆投喂。鱼苗投放后的前 7 天黄豆用量为 2～2.5 千克/亩，10 天后酌情增加，每天 2 次，全池均匀泼洒。

8. 日常管理

每天早、中、晚巡塘，观察鱼苗的活动和水质情况，发现问题及时采取措施，并做好记录。夏花生长情况，见表 2.3。

表 2.3   2011 年唇鳎夏花鱼苗生长情况

采样日期	日龄	平均全长（毫米）	平均体质量（克）
2011.06.09	4	8.65 ± 0.18	0.002 ± 0.000 9
2011.06.12	7	8.86 ± 0.41	0.004 ± 0.000 4
2011.06.15	10	10.22 ± 1.04	0.008 ± 0.001 1
2011.06.18	13	13.98 ± 1.38	0.017 ± 0.002 8
2011.06.21	16	18.38 ± 1.26	0.031 ± 0.008 5
2011.06.24	19	23.07 ± 2.40	0.054 ± 0.012 9
2011.06.27	22	26.13 ± 2.79	0.075 ± 0.008 9
2011.06.30	25	31.32 ± 3.42	0.199 ± 0.053 3
2011.07.03	28	34.92 ± 3.37	0.285 ± 0.074 7

9. 拉网锻炼

鱼苗经 25~30 天左右培育长成夏花鱼种，出池前须进行拉网锻炼 2~3 次。唇鳎夏花鱼苗，见图 2.17。

10. 结果

经 24 天培育，其平均全长和体质量分别为 34.92 毫米和 0.285 克，平均体长增长 4.04 倍，平均体质量增长 142.5 倍。鱼的体质量和全长随日龄的增加而增加，在 4 日龄（6 月 9 日）时其平均全长为 8.65 毫米，平均体质量为 0.002 克。

图 2.17　唇鲭夏花鱼种

三、1 龄鱼种培育

1. 时间地点

2010 年 6 月，凤城市大堡渔场 16 号池。

2. 池塘面积

面积 4 亩，水深 1.5～2.0 米，池中配 3.0 千瓦增氧机二台，见图 2.18。

3. 放养前准备

夏花鱼种放养前 10 天，用生石灰彻底清塘，7 天后加水至 1 米（加水时

图 2.18　2010 年凤城大堡渔场 16 号养殖 1 龄唇䱻池塘

用 60 目的密网过滤），池塘溶氧不低于 5 毫克/升，水温 22～29℃。

4. 鱼种放养

试验用夏花鱼种为本场自育。放养时间、规格和数量，见表 2.4。

表 2.4　1 龄唇䱻苗种放养和出塘情况

种类	入　池			出　池				饵料系数
	时间	体质量（克）	数量（万尾）	时间	体质量（克）	重量（千克）	成活率（%）	
唇䱻	2010.06.06	0.13	8	2010.10.26	37.88	2 366.7	78.1	2.5
鲢	2010.06.29	夏花	0.6	2010.10.26	110	583	88.3	

5. 日常管理

（1）水质调节

鱼种入池后，每月泼洒一次生石灰，高温时节定期加注电井水，每次注水 30～40 厘米，中期换水一次，换掉池水的 3/5，使池水保持肥而爽。

（2）投饲

鱼种入池三天后开始驯化，驯化初期投喂水丝蚓，诱使鱼苗集中至食台吃食，驯化成功后投喂直径 1.0 毫米鲤鱼破碎饲料（其蛋白含量 33%），随着鱼种生长，逐渐调整为粒径 1.2 毫米、1.5 毫米、2.0 毫米的鲤颗粒饲料。7—9 月，日投喂 5 次（5:00，8:00，11:00，14:00，17:00），日投喂量为鱼体质量的 3%～8%，视天气和摄食情况灵活掌握。1 龄鱼种生长情况，见表 2.5。

表 2.5　1 龄鱼种生长情况

日期	平均全长（厘米）	平均体质量（克）
2010.06.06	2.58 ± 0.25	0.13 ± 0.03
2010.07.05	6.66 ± 0.55	4.8 ± 1.27
2010.08.02	10.86 ± 0.94	11.6 ± 3.20
2010.09.28	16.39 ± 0.79	39.72 ± 5.76
2010.10.26	16.62 ± 0.82	37.88 ± 5.68

6. 结果

2010 年，在凤城大堡渔场 4 亩池塘，放养全长 2.58 厘米夏花 8 万尾，经142 天培育，平均全长达 16.62 厘米，增长 6.44 倍，平均体质量达 37.88 克，增长 291.38 倍，出塘唇鮹 1 龄鱼种 6.248 万尾，成活率 78.1%，饵料系数 2.5。

四、2 龄鱼种培育

1. 时间地点

2011 年 5—10 月，辽阳县兴大渔场。

2. 池塘面积

面积 10 亩，备 3.0 千瓦增氧机二台，见图 2.19。

图 2.19   2011 年辽阳县兴大渔场 2 龄唇䱻池塘

3. 放养前准备

鱼种放养前 10 天，用生石灰彻底清塘，5 天后加水至 1 米（加水时用 60

目的密网过滤），池塘溶氧不低于 5 毫克/升。

4. 鱼种放养

放养平均体质量 45.6 克的唇鲴 1 龄鱼种 3 万尾。

5. 日常管理

（1）水质调节

鱼种入池后，每月泼洒一次生石灰，高温时节定期加注电井水，每次注水 30～40 厘米，使池水保持肥而爽。

（2）投饲

鱼种入池两天后开始人工驯化，驯化集中至食台后，开始用投饵机投喂蛋白含量 33%、粒径 1.5 毫米的鲤鱼饲料，随着鱼种生长，逐渐调整粒径规格。7—9 月，日投喂 5 次（5：00，8：00，11：00，14：00，17：00），日投喂量为鱼体质量的 3%～8%，视天气和摄食情况灵活掌握。

6. 结果

经 168 天饲养，平均全长达 20.21 厘米，平均体质量达 156.66 克，出塘唇鲴鱼种 29 940 尾，成活率 99.8%，饵料系数 2.2。

五、唇鲴食用鱼养殖

1. 时间地点

2012 年 5—10 月，辽阳县兴大渔场。

2. 水源

水源为地下井水。

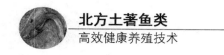

3. 池塘

池塘长方形，面积 13 亩，水深 2.5 米，配备 3 千瓦增氧机一台（图 2.20）。

图 2.20　辽阳县兴大渔场池塘主养唇鲴投饲

4. 放养前准备

放养前 20 天，池塘注水 20 厘米，每亩用 125～150 千克生石灰化水全池泼洒清塘。放鱼前 15 天加水至 1 米，生物肥肥水，使池水透明度达到 30 厘米左右。

5. 鱼种放养

唇鲴鱼种为渔场自育，放养唇鲴 2 龄鱼种 2.2 万尾（平均 154 克）。入池前用 3% 食盐水浸泡消毒 5 分钟。鱼种放养情况见表 2.6。

表 2.6　唇鲴鱼种放养情况

种类	放养时间	放养规格（克）	放养量（尾）	放养密度（尾/公顷）	放养比例（%）
唇鲴	2012.05.19	154	21 500	23 118	93
鲢鱼	2012.05.20	100	1 500	1 613	7

6. 饲养管理

（1）水质调节

养殖过程中，每 10 ~ 15 天加注新水约 30 厘米，保持池水清新，溶解氧保持在 4 毫克/升以上，透明度大于 30 厘米。

（2）投饲

鱼种入池两天后开始驯化，驯化集中至食台后，用投饵机投喂，每天早、中、晚各投喂一次，日投饲量为鱼体质量的 3% ~ 6%。实际投饲量视天气和摄食情况灵活掌握。饲料配方和营养成分见表 2.7。

7. 结果

10 月 5 日停止投喂，经 138 天养殖，出塘总体质量 10 510 千克，平均体质量 502.9 克，鲢 1 159.4 千克，平均体质量为 775 克。成活率分别为 97.2% 和 99.7%，养殖期间共投喂 10 400 千克饲料，料系数为 1.4。唇鲴出塘情况，见表 2.8。

表 2.7　唇鲻饲料配方和营养成分　　　　　　　　　　　　　%

饲料配方	成分配比
进口鱼粉	20
豆粕	22
面粉	28
麦麸	19.6
酵母	3
食盐	0.4
黏合剂	0.5
复合维生素	1
矿物盐	1
豆油	4
赖氨酸	0.5
营养成分	
粗蛋白	31.9
粗脂肪	7.52
粗纤维	4.11
水分	10.78

表 2.8　唇鲻出塘情况

种类	出塘数量 （尾）	成活率 （%）	出塘规格 （克/尾）	相对增长率 （%）
唇鲻	20 900	97.2	502.9	226.6
鲢	1 496	99.7	775	675

第三章
拉氏鲅养殖技术

拉氏鲅，又名洛氏鲅、长尾鲅、柳根垂、柳根，柳鱼，属鲤科，雅罗鱼亚科，鲅属。主要分布于欧洲、亚洲北部及北美洲，中国主要分布于长江以北各水系。是杂食性小型鱼类，具有生长快、体型佳、肉质细嫩等特点，深受广大消费者的青睐。近年来，随着人工繁殖和池塘养殖技术的成功，拉氏鲅池塘养殖正在逐渐兴起。

在北方常见类群有拉氏鲅、花江鲅、湖鲅（图 3.1 至图 3.3）。

图 3.1　拉氏鲅

图 3.2　花江鳈

图 3.3　湖鳈

第一节　拉氏鲅生物学特性

一、形态特征和内部构造

1. 外部形态特征

（1）可数性状

背鳍 iii－7；臀鳍 iii－6～7；胸鳍 i－10～17；腹鳍 ii－6～7。侧线鳞 71～110。鳃耙8～9。咽齿2行，2.4（5）—4（5）.2。脊椎骨4＋38。

（2）可量性状

体长为体高的3.9～5.2倍，为头长的3.6～4.4倍，为尾柄长的3.8～5.6倍，为尾柄高的8.1～10.6倍。头长为吻长的2.9～4.1倍，为眼径的3.9～5.8倍，为眼间距的2.7～3.4倍。尾柄长为尾柄高的1.9～2.5倍。

（3）形态性状

① 体低而长，稍侧扁，腹部圆，尾柄长而低。

② 头近锥形，头长大于体高。吻尖。鳃盖膜与峡部相连。

③ 口亚下位，口裂倾斜，上颌长于下颌，上颌骨末端伸达鼻孔后缘下方或稍后，唇后沟中断。眼位于头侧的前方，眼间宽平，其宽大于眼径。

④ 鳞细小，常不呈覆瓦状排列。胸、腹部具鳞。侧线完全，较平直。

⑤ 背鳍起点在眼前缘与尾鳍间距的中点。臀鳍起点在背鳍基之后。胸鳍末端伸达胸腹鳍间距中点。腹鳍起点距吻端与距尾鳍基相等，尾鳍浅叉形。

2. 内部构造特征

① 鳃耙短小，排列稀疏。

② 咽齿近锥形，末端钩状。

③ 鳔2室，后室长，末端圆钝。

④ 肠短，前后弯曲，肠长短于体长，腹膜黑色。拉氏鲅内部构造，见图3.4。

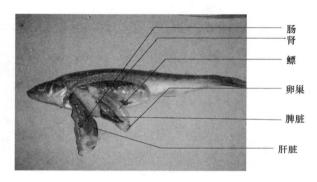

图3.4 拉氏鲅内部构造

二、生态习性

1. 生活环境

生活于江河支流的上游或水库、湖泊的中、上层，喜栖于清冷流水处，成群生活于山区的水流急、清澈、溶氧高、温度低的河沟、小溪里。

2. 摄食习性

春末夏初，集群繁殖摄食。当雨水增多河水上涨，一些冬、春季干涸的溪沟又有了水流，这时它们聚小群从较大的小河、山溪逆水进入这些时断时流的溪泉中摄食，并可上溯到很高的源头，成为这些水沟中优势种。雨季过后，随着气温、水温的下降，山沟流水的减退，水溪中食物的减少，它们又顺水而下，进入常年有流水的溪河中摄食和肥育。食性较杂，仔、稚鱼主要以小型浮游动物为食，幼、成鱼摄食水生昆虫及其幼虫，也食鱼卵和其他小鱼，肠含物中也有植物碎片和藻类。山区池塘有用牛粪等有机肥肥水养殖此鱼，也可人工投喂配合饲料，一般在乌仔阶段 2～3 天便能驯化上台摄食。

3. 越冬

冬季到来时，在常年流水的溪河中的个体，进入水深为 50～100 厘米的水域的乱石缝中越冬，在风和日暖的中午，常游出，在河道石缝周围活动。不管成鱼还是幼鱼，极喜爱溯河顶水，因此人工养殖池塘注排水时应注意做好防逃措施。

三、年龄与生长特点

拉氏鲅是鲅属中个体最大的种类，天然水域 1 龄鱼体长 38.2～70 毫米；2 龄鱼体长 65.7～100 毫米；3 龄鱼体长 97～150 毫米；4 龄鱼体长 200 毫米以上。人工养殖当年能长至 20 克左右，第二年秋天能长至 50～75 克左右。

四、繁殖习性

1. 繁殖

（1）成熟年龄

雌鱼 2～3 龄；雄鱼 1～2 龄。

（2）雌雄鉴别

雌鱼生殖突较圆钝，其长度略长于排泄孔；雄鱼生殖突较尖突，其长度远大于排泄孔。在生殖季节，成熟好的雄鱼，稍压腹部，有白色精液淌出；

成熟好的雌鱼，生殖孔微红，腹部膨大、柔软。拉氏鳄雌雄鱼鉴别，见图 3.5。

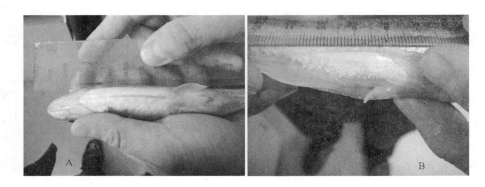

图 3.5 拉氏鳄雌雄鱼鉴别
A：雌鱼；B：雄鱼

（3）产卵

产卵时间一般为每年的 5—7 月。天然产卵场在水深 30～50 厘米的砾石底质处，分 2～3 批产卵。受精卵具黏性，卵径 1.4～1.7 毫米，黏附于砾石上发育。拉氏鳄天然产卵场，见图 3.6。

2. 受精卵发育

在水温 13～15℃，129 小时孵出，初孵仔鱼全长（4.14±0.17）毫米，全身透明，卵黄囊很大，侧卧水底，少游动。根据卵黄囊、运动器官和鳞片的变化，拉氏鳄早期发育可分为卵黄囊期（0～5 日龄）、晚期仔鱼（6～35 日龄）和稚鱼期（36～58 日龄）。拉氏鳄胚胎发育，见图 3.7；鳄仔、稚鱼形态发育，见图 3.8。

图 3.6　拉氏鲅天然产卵场

五、拉氏鲅耗氧率和窒息点

拉氏鲅耗氧率具有昼间耗氧率高于夜间的特点，苗种耗氧率峰值出现在中午和傍晚，而成鱼的耗氧高峰仅出现在傍晚；在 16 ~ 32℃，体质量为（1.72 ± 0.60）克的拉氏鲅耗氧率随温度升高而增加，该温度范围内窒息点变动范围为 1.53 ~ 1.65 毫克/升，平均（1.59 ± 0.04）毫克/升；在常温（20 ~ 24℃）环境下，拉氏鲅（0.77 ~ 52.4 克）耗氧率随体质量增加而呈下降趋势，窒息点变动范围为 1.10 ~ 1.55 毫克/升，均值为（1.29 ± 0.19）毫克/升。

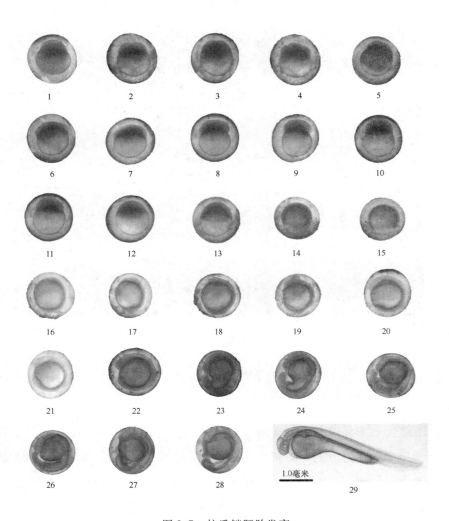

图 3.7　拉氏鳅胚胎发育

1. 胚盘期；2. 2 细胞期；3. 4 细胞限期；4. 8 细胞期；5. 16 细胞期；6. 32 细胞期；7. 64 细胞期；
8. 128 细胞期；9. 桑椹胚期；10. 囊胚早期；11. 囊胚中期；12. 囊胚晚期；13. 原肠早期；14. 原肠
中期；15. 原肠晚期；16. 胚孔封闭；17. 神经胚期；18. 肌节出现期；19. 眼基期；20. 眼囊期；
21. 尾芽期；22. 尾泡期；23. 听囊期；24. 晶体形成期；25. 尾鳍出现期；26. 心脏原基期；27. 耳
石出现期；28. 心脏博动期；29. 孵出期

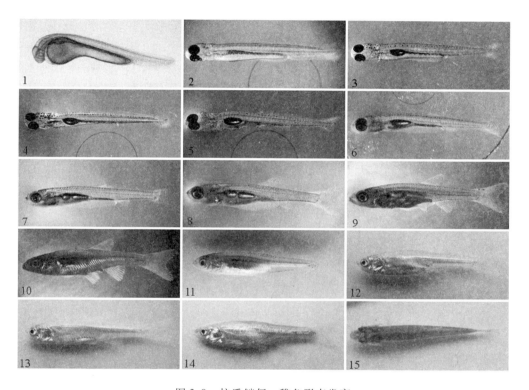

图 3.8　拉氏鲅仔、稚鱼形态发育

1. 刚出膜仔鱼；2.3 日龄仔鱼；3.5 日龄仔鱼；4.6 日龄仔鱼；5.9 日龄仔鱼；6.11 日龄仔鱼；7.13 日龄仔鱼；8.19 日龄仔鱼；9.28 日龄仔鱼；10.32 日龄仔鱼；11.36 日龄仔鱼；12.42 日龄仔鱼；13.46 日龄稚鱼；14.58 日龄稚鱼；15.58 日龄稚鱼顶面观

第二节　拉氏鲅人工繁殖

一、亲鱼培育

1. 亲鱼来源

来源于国家级、省级拉氏鲅原（良）种场，或从江河、湖泊、水库选择体质健壮、无伤病的野生拉氏鲅作亲鱼。

2. 亲鱼选择

雌鱼 3 冬龄以上，体质量在 0.05 ~ 0.2 千克，雄鱼 2 冬龄以上，体质量 0.05 ~ 0.15 千克。亲鱼挑选，见图 3.9。

3. 亲鱼培育

（1）清塘

4 月初，用生石灰或漂白粉清塘，方法见第二章亲鱼培育部分。

（2）注水

清塘 7 ~ 10 天后开始注水，注水深度本着先浅后深的原则。

（3）亲鱼放养

雌雄亲鱼分塘饲养，下塘前用 3% ~ 5% 食盐水浸泡 5 ~ 10 分钟。放养密度为 100 ~ 150 千克/亩。

（4）投饲

坚持"定时、定量、定质、定位"投饵原则，每天投喂两次，上午 8:00—10:00，下午 14:00—16:00，日投饲量为亲鱼体质量的 5% ~ 8%。饲料

图 3.9　亲鱼挑选

蛋白质含量应在 30% ~ 33%。

（5）水质调节

4 月初至催产前每 10 ~ 15 天加注新水一次，每次 10 ~ 20 厘米。培育期间每半月泼洒生石灰浆一次，用量为 15 ~ 20 克/米³。早晚巡塘，观察亲鱼的摄食、活动及水质变化情况，发现问题及时采取措施，并做好记录。

二、人工催产

1. 催产期

5 月初，水温稳定在 13℃ 以上，亲鱼性腺发育成熟，即可催产。

2. 催产药物和剂量

催产药物采用绒毛膜促性腺激素（HCG）、促黄体素释放激素类似物 2 号（LHRH – A$_2$）和马来酸地欧酮（DOM）组合。剂量为 LHRH – A$_2$ 6 ~ 8 微克/千克 + DOM 6 ~ 8 克/千克 + HCG 1 500 ~ 2 000 国际单位/千克。雄鱼减半。每尾注射药液量为 0.5 ~ 1 毫升。

3. 注射方法

为了便于操作，在注射前先将亲鱼进行麻醉，然后背部肌肉一次注射。亲鱼麻醉见图 3.10。亲鱼注射见图 3.11。

图 3.10　亲鱼麻醉

图 3.11　亲鱼注射

4. 人工授精

将到了预期发情产卵时间的亲鱼捕起，一人用手握住鱼体并用干毛巾将鱼腹部擦干，随后用手柔和地挤压腹部，将鱼卵挤于盆中，然后再将精液挤于卵上，加入少许生理盐水，用羽毛轻轻搅拌约 1~2 分钟后，将受精卵均匀地倒入预先置于浅水容器中的鱼巢上，静置 10 分钟左右，待黏牢后，用清水洗去多余精液，最后将鱼巢放入孵化容器中孵化。人工授精如图 3.12 至图 3.14。

图 3.12   拉氏鲅人工挤卵

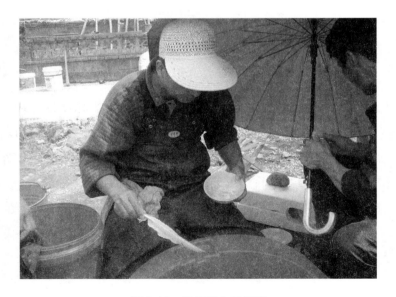

图 3.13   拉氏鲅人工授精

图 3.14　拉氏鳋人工鱼巢布卵

三、孵化

1. 孵化设施

① 孵化环道：环宽 0.8~1 米，水深 0.8~1.2 米，容积为 5~10 立方米。

② 孵化缸（水深 0.8~1 米，容积为 1.0~1.5 立方米）。

③ 孵化槽（水深 0.3~0.4 米，容积为 1.0~1.5 立方米）。

2. 孵化方法

可采用微流水孵化或静水孵化。

3. 放卵密度

微流水孵化，每立方米水放卵（1～3）×10^5 粒，静水孵化每立方米水放卵（2～3）×10^4 粒。静水孵化，如图3.15；流水孵化，如图3.16。

图 3.15　拉氏鲅静水孵化

4. 孵化管理

微流水孵化以每小时换水 0.1～0.2 立方米为宜，并保持水位稳定；静水孵化每天换水 30%～50%，边排边进。孵化用水要求水质清新，溶氧充足，pH 值 7～8。勤刷过滤纱窗，防止水温突变。

5. 下塘

鱼苗破膜后 5～6 天，体色由乳白色变为灰黑色，能平游后便可下塘。拉氏鲅下塘鱼苗，如图 3.17。

图 3.16　拉氏鲅流水孵化

图 3.17　6 日龄拉氏鲅鱼苗

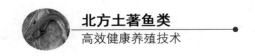

第三节　拉氏鲹苗种培育

一、夏花鱼种培育

1. 培育池的准备

放鱼前 10 ~ 15 天，用生石灰或漂白粉彻底清塘后，注水 50 厘米左右。在鱼苗下塘前 5 ~ 7 天，每亩施经发酵、腐熟的有机肥 40 ~ 70 千克。施肥 5 天后加水深至 1 米，加水时要用 60 目的密网过滤。

2. 苗种来源

从国家级或省级原（良）种场购入或自育。外购苗种应取得有关部门检疫合格证。

3. 鱼苗质量

规格整齐，集群游动，行动活泼，体质健壮，在容器中轻微搅动水体时，90% 以上鱼苗有逆水能力。畸形率小于 3%，伤病率小于 1%。

4. 鱼苗放养

选择晴天，在池塘的上风处投放，放养密度为 16 万 ~ 20 万尾/亩，同一池塘放养同一批孵化的鱼苗，投放鱼苗时运鱼水温与池塘水温差不超过 2℃。

5. 饲养管理

（1）投饲

鱼苗放养后，每天用豆浆投喂。鱼苗投放后的前 5 天黄豆用量为 2.5 千克/亩，10 天后酌情增加，每天 2 次，全池泼洒均匀。

（2）分期注水

鱼苗放养一周后，每隔 5 ~ 7 天注水一次，每次注水 10 ~ 15 厘米。待鱼体全长达 3 厘米时，池塘水深保持在 1.5 米左右。

（3）巡塘

鱼苗放养后，每天应多次巡塘，观察鱼苗的摄食和活动状态及水质情况，发现问题及时采取措施，并做好记录。结合巡塘应随时清除蛙卵、蝌蚪、杂草、水绵、水网藻、脏物等。

（4）拉网锻炼和夏花出塘

鱼苗经 35 ~ 40 天左右培育成夏花鱼种，出塘前要进行拉网锻炼 2 ~ 3 次，方可出塘分池培育或销售。

二、1 龄鱼种培育

1. 清塘

在鱼苗下塘前 8 ~ 10 天用生石灰或漂白粉彻底清塘。

2. 注水

清塘 7 ~ 10 天后，注水至 0.8 ~ 1.0 米，保持池水透明度在 25 ~ 30 厘米。

3. 夏花鱼种质量

规格整齐，体表光滑、完整，无伤病，无畸形，活动能力强。外购鱼苗应经检疫合格。

4. 鱼种放养

夏花鱼种下塘前用3% ~ 5%的食盐水溶液浸洗 5 ~ 10 分钟。放养密度一

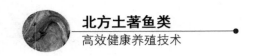

般为每亩 5 万 ~ 6 万尾，鲢夏花 2 500 ~ 3 000 尾。

5. 饲养管理

（1）投饲

夏花鱼种放养后第二天开始驯食，投喂粒径为 0.5 毫米的微颗粒料或破碎饲料，同时给予响声；日投饵 3 ~ 4 次，每次 20 ~ 30 分钟，至池鱼驯化成集群上浮水面抢食的习惯。然后，转入正常投喂，日投喂 3 ~ 4 次，日投喂量为池鱼体质量的 5% ~ 10%，根据水温、天气、鱼摄食情况增减。每次实际投喂量以 80% 以上的鱼吃饱离去为宜。

（2）水质调节

夏花鱼种下塘后，逐渐加深水位，达到一定水位后，每隔 12 ~ 15 天左右注换水一次，每次 10 ~ 15 厘米，使水位保持在 1.5 米左右。

6. 管理

每天早晚巡塘，观察水质及鱼的活动情况，发现问题及时采取措施，并做好记录。

7. 出塘和越冬

夏花鱼种培育至秋天（120 ~ 150 天），规格可达 12 ~ 15 克。此时，在我国北方地区即将进入越冬期，如不出塘就需要在原池越冬。越冬期的管理参照本书第七章。

第四节　拉氏鲅食用鱼养殖

拉氏鲅的食用鱼养殖是指从 1 冬龄拉氏鲅鱼种养成食用鱼的生产过程。

一、放养前的准备

同 1 龄鱼种培育池，清塘后注水 0.8 ~ 1.0 米。

二、鱼种质量

要求规格整齐，体质健壮，无伤病，无畸形，规格在 10 克以上。

三、鱼种放养

鱼种在 4 月中旬进行，放养前用 3% ~ 5% 的食盐水溶液浸泡消毒 5 ~ 10 分钟。一般每亩放养 1 冬龄拉氏鲹鱼种 10 000 ~ 15 000 尾，鲢、鳙夏花 3 000 ~ 5 000 尾。

四、饲养管理

1. 投饲

鱼种放养后第二天开始驯食，投喂粒径为 2.0 毫米的颗粒饲料，同时给予声响，日投饵 3 ~ 5 次，每次 30 ~ 60 分钟，驯至使鱼群能集中上浮水面摄食的习惯后转入正常投喂。日投饵 3 ~ 5 次，投饵率为池鱼体质量的 2% ~ 6%，根据水温、天气、鱼摄食情况增减。每次实际投喂量以 80% 以上的鱼吃饱离去为宜。

2. 水质调节

一般每 10 ~ 15 天注换水一次，每次 20 ~ 30 厘米。每 15 天泼洒生石灰一次，用量为 10 ~ 15 克/米^3。

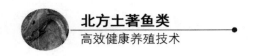
3. 日常管理

每天早、晚巡塘，观察池塘水质、鱼的活动情况和有无发病征兆，发现问题及时采取相应措施，并做好记录，建立档案。越冬期间要保持冰层透明，定期检测池水溶解氧。当溶解氧含量过低（5毫克/升以下）时，应采取增氧措施。

第五节　拉氏鲅常见疾病防治

拉氏鲅是近几年才开始人工养殖，在生产实践中，已发现的疾病主要有水霉病和车轮虫病。

一、水霉病

1. 病原体

水霉。

2. 症状及流行情况

病鱼感染初期，肉眼看不出有什么异状，当肉眼能看出时，菌丝已向鱼体伤口侵入，且向外长出外菌丝，似灰白色棉毛状。由于霉菌能分泌一种酵素分解鱼的组织，鱼体受到刺激后分泌大量黏液，开始焦躁不安，运动不正常，菌丝与伤口的细胞组织缠绕黏附，使组织坏死，同时鱼体负担过重，游动迟缓，食欲减退，最后瘦弱而死。该病在全国各地都有流行，几乎所有水产动物都可感染发病，主要流行于春季。

3. 防治措施

① 用生石灰彻底清塘消毒，可减少此病的发生。

② 在捕捞、搬运和放养等操作过程中要尽量仔细，避免鱼体受伤。

③ 亚甲基蓝全池泼洒，使池水成 2~3 毫克/升的浓度，每隔两天 1 次，连用 2 次。

二、车轮虫病

1. 病原体

车轮虫。

2. 症状及流行情况

量寄生时没有明显的症状；大量寄生时，刺激鱼体表和鳃丝分泌大量黏液，在体表形成一层白翳，在水中观察尤为明显。此病主要危害鱼苗和鱼种。水质不良，有机质含量高，放养密度过大是该病发生的重要诱因。

3. 防治措施

① 全池泼洒硫酸铜与硫酸亚铁合剂（5:2），浓度为 0.7 毫克/升。

② 用 8 毫克/升硫酸铜浸洗 10~20 分钟。

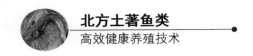

第六节　实例介绍

一、拉氏鲹人工繁殖

1. 时间地点

2012 年 5 月，辽宁省凤城市岔路渔场、盘锦市新建农场。

2. 亲鱼来源

（1）凤城市岔路渔场
池塘中挑选拉氏鲹亲鱼（收集野生拉氏鲹苗种于池塘内培育）。
（2）盘锦市新建农场
水库网箱中挑选拉氏鲹亲鱼（收集野生拉氏鲹苗种于网箱中培育）。

3. 亲鱼选择

雌雄鱼均 3 冬龄以上，雌鱼体质量 75～120 克；雄鱼 50～100 克。

4. 亲鱼培育

（1）土池培育
培育池 2 168 平方米，水深 1.5～2.5 米，淤泥厚度在 10 厘米以下，微流水养殖，培育期间投喂鲤苗种配合饲料。亲鱼池塘培育，见图 3.18。
（2）网箱培育
网箱规格为 5 米×5 米×3 米，雌雄鱼分箱培育。每天投喂鲤苗种配合饲料 3～4 次。

图 3.18　盘锦市新建农场亲鱼池塘培育

5. 人工催产

（1）催产药物和剂量

催产药物采用绒毛膜促性腺激素（HCG）、促黄体素释放激素类似物 2 号（LHRH－A$_2$）和马来酸地欧酮（DOM）组合。剂量为 LHRH－A$_2$ 6～8 微克/千克＋DOM 6～8 克/千克＋HCG 1 500～2 000 国际单位/千克。雄鱼减半。每尾注射药液量为 1 毫升。

（2）注射方法

两次肌肉注射，第一次注射量为药液总量的 1/4，第二次注射剩余药量，两次注射间隔时间 12 小时。雄鱼只注射一次，在雌鱼第二次注射时进行。

（3）产卵方式

人工授精。

（4）催产批次

2012 年 5 月 4 日在凤城岔路渔场催产拉氏鲹 140 组，5 月 8 日催产 170 组，5 月 14 日在盘锦新建农场催产 360 组。

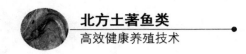

6. 孵化

凤城岔路渔场水泥池孵化，盘锦新建农场网箱孵化，孵化过程中均保持微流水，水体溶解氧 6 毫克/升以上。

7. 拉氏鲹人工繁殖总结

（1）结果

① 第一批催产是 2012 年 5 月 4 日，在水温 17 ~ 19℃时催产 140 组，催产率 76%，受精率 86%，孵化率 67%，获水花 12.1 万尾。

② 第二批催产是 5 月 8 日，在水温 15 ~ 18℃时催产 170 组，催产率 70%，受精率 90%，孵化率 72%，获水花 16.8 万尾。

③ 第三批催产是 5 月 14 日，在水温 18 ~ 20℃时催产 360 组，催产率 87.5%，受精率 78%，孵化率 53%，获水花 26.9 万尾，

（2）总结

① 三批催产孵化结果表明，在水温 15 ~ 18℃，雌鱼与雄鱼比例为 3:1 ~ 4:1，因仅用一种方法，无法比较。人工干法授精都取得了较好的效果。催产率、受精率、孵化率均高于 70%。拉氏鲹水花，见图 3.19。

② 在孵化方式上，以采用水泥池微流水孵化效果最好，孵化率 ≥70%。拉氏鲹催产结果，见表 3.1。

表 3.1　拉氏鲹催产结果

试验基地	凤城岔路渔场		盘锦新建农场
催产批次	1	2	3
组数	140	170	360
♀ : ♂	3:1	5:1	4:1

	试验基地	凤城岔路渔场		盘锦新建农场
催产	催产时间	2012.05.04	2012.05.08	2012.05.14
	水温（℃）	17~19	15~18	18~20
	催产剂	促排卵素2号+地欧酮+绒毛膜促性腺激素		
	注射次数	一次		
	效应时间（小时）	21	20	19
	产卵方式	人工授精		
	产卵（万粒）	21	26	65
	催产率（%）	76	70	87.5
	受精率（%）	86	90	78
孵化	水温（℃）	17~19	15~18	18~20
	孵化方式	水泥池	水泥池	水泥池网箱内孵化
	孵化率（%）	67	72	53
	出苗数（万尾）	12.1	16.8	26.9

图 3.19 拉氏鲅水花

二、夏花鱼种培育

1. 时间地点

2012 年 5—7 月，辽宁凤城岔路渔场。

2. 面积

底质为泥沙土的 3 号池塘，面积为 4 亩。

3. 清塘

放鱼前 10~15 天，用生石灰彻底清塘。

4. 施肥、注水

放苗前 5~7 天施经发酵、腐熟的有机肥；施肥 3 天后将池水加深至 0.5 米，5 天后加深至 1 米，进水时要用 60 目的密网过滤。

5. 苗种来源

自繁的 10 日龄水花。

6. 鱼苗放养

5 月 10 日，在池塘的上风处投放同一批孵化的 10 日龄水花 12.1 万尾。

7. 饲养管理

（1）投饲

鱼苗放养后，每天用豆浆投喂。鱼苗投放后的前 5 天黄豆用量为 2 千克/

苗，10 天后酌情增加；全池泼洒 2 次。15 天后开始投喂鲤鱼苗种料料面，每天 4 次，上下午各 2 次，沿池四周均匀泼洒，每次 2.5 ~ 3.5 千克，至 6 月 19 日出池。拉氏鲅夏花鱼种培育池塘投喂情况，见图 3.20 和图 3.21。

图 3.20　沈阳金润淡水鱼养殖场

（2）分期注水

鱼苗放养一周后，每隔 5 ~ 7 天注水一次，每次加水 10 ~ 15 厘米。待鱼体全长达 3 厘米时，池塘水深保持在 1.5 米左右。

（3）巡塘

鱼苗放养后，每天应多次巡塘，观察鱼苗的活动状态、水质情况，发现问题及时采取措施，并做好记录。同时，结合巡塘清除蛙卵、杂草、水绵、水网藻等。

（4）拉网锻炼

鱼苗经 30 天培育长成夏花鱼种，平均全长达 37.9 毫米，出池前需进行拉网锻炼 2 ~ 3 次。拉氏鲅夏花，见图 3.22。

图 3.21　辽宁凤城岔路渔场拉氏鳄夏花苗种培育池塘投喂情况

图 3.22　拉氏鳄夏花

8. 结果

经 30 天培育，鱼苗的平均全长达 37.9 毫米，增长 5.6 倍，平均体质量达 0.51 克，增长 5.1 倍，出塘拉氏鳚夏花 7.9 万尾，成活率 65 %。拉氏鳚夏花培育生长情况，见表 3.2。

表 3.2　拉氏鳚夏花培育生长情况

日期	体质量（克）	体长（厘米）	特定生长率	日增重	肥满度
2012.05 – 20	0.001 0 ± 0.000 1	0.670 ± 0.061			0.33
2012.05.26	0.002 7 ± 0.001 1	0.964 ± 0.075	16.816 7	0.002 8	0.30
2012.06.01	0.012 4 ± 0.006 0	1.380 ± 0.193	30.157 8	0.001 9	0.47
2012.06.04	0.027 1 ± 0.007 8	1.650 ± 0.151	26.075 8	0.004 9	0.60
2012.06.11	0.132 4 ± 0.053 1	2.582 ± 0.271	22.669 6	0.015 0	0.78
2012.06.19	0.507 2 ± 0.102 3	3.790 ± 0.307	16.786 1	0.046 9	0.93

三、1 龄鱼种培育

1. 时间地点

2012 年 6 月 29 日，盘锦新建农场。

2. 面积

103 号池，面积 2.85 亩，池深 3 米，池中配备 3.0 千瓦增氧机两台，图 3.23。

图 3.23　盘锦新建农场拉氏鳄 1 龄秋片苗种培育池投喂情况

3．水源

灌渠水。

4．放苗前准备

鱼种放养前 10 天，用生石灰彻底清塘，7 天后加水至 1 米，池塘溶氧不低于 5 毫克/升，水温 22～29℃，加水时用 60 目的密网过滤。

5．鱼苗放养

（1）鱼种来源

鱼种为本场自繁鱼苗。

（2）放养时间

2012 年 6 月 29 日。

（3）放养规格

平均全长 4.5 厘米、体质量 0.8 克的夏花苗种。

（4）放养数量

8 万尾。

6. 饲养管理

（1）投饲

鱼种入池三天后开始驯化，驯化初期阶段投喂鲤鱼苗种料面，诱使鱼苗集中至食台吃食，驯化成功后用投饵机投喂粒径 1.0 毫米鲤鱼破碎饲料，其蛋白含量 33%；后期随着鱼种生长，逐渐调整用 1.2 毫米、1.5 毫米、2.0 毫米的鲤颗粒饲料，蛋白含量 30%；7—9 月，日投喂 4 次（6：00，10：00，14：00，6：00），日投喂量为鱼体质量的 3% ~ 8%，视天气和摄食情况灵活掌握。拉氏鰺 1 龄鱼种培育池投喂情况，见图 3.23。

（2）水质调节

鱼种入池后，每月泼洒一次生石灰，高温时节定期加注新水，每次注水 30 ~ 40 厘米，中期换水一次，换掉池水的 3/5，使池水保持肥而爽。

（3）测量

定期测量水温，检查拉氏鰺的生长情况，统计吃食情况。

7. 结果

经 110 天培育，平均全长达 10.46 厘米，增长 2.3 倍，平均体质量达 17.76 克，增长 22.2 倍，最大个体 20 克，出塘鱼种 76 800 万尾，1 363.96 千克，成活率 96%，饵料系数 1.6，平均产量 487 千克/亩。生长情况，见表

3.3。拉氏鲅 1 龄鱼种，见图 3.24。

图 3.24　拉氏鲅 1 龄鱼种

8. 注意事项

① 拉氏鲅鱼苗比较贪食，且食性杂，乌仔阶段（1.5 厘米）即可驯化投喂，诱其至饲料台集中摄食。

② 拉氏鲅鱼苗对水流较敏感，喜顶水流，池塘注水时，应采取防逃措施。

③ 拉氏鲅鱼苗易感染车轮虫病，需注意观察。

表 3.3　拉氏鲅 1 龄秋片苗种培育生长

日期	体质量（克）	体长（厘米）	特定生长率	日增重	肥满度
2012.06.29	0.83 ± 0.11	4.50 ± 0.18			0.91
2012.07.26	3.23 ± 0.84	5.55 ± 0.57	5.04	0.09	1.89
2012.08.24	8.78 ± 1.60	7.81 ± 0.51	3.45	0.19	1.84
2012.09.21	12.84 ± 3.20	9.08 ± 0.77	4.96	0.15	1.72
2012.10.17	12.52 ± 3.51	9.56 ± 0.81	− 0.10	− 0.01	1.43

四、拉氏鲅食用鱼养殖

1. 时间地点

2013 年 4 月，铁岭范家屯水库渔场。

2. 面积

205 号池，面积 8 亩，池深 3 米，池中配备 3.0 千瓦增氧机一台，见图 3.25。

3. 水源

范家屯水库水。

4. 放养前准备

鱼种放养前 10 天，用生石灰彻底清塘，7 天后加水至 1 米，池塘溶氧不低于 5 毫克/升，水温 22 ~ 29℃，加水时用 60 目的密网过滤。

图 3.25　范家屯水库渔场拉氏鳄食用鱼养殖池塘投喂情况

5. 鱼种放养

（1）鱼种来源

鱼种为本场自繁自育。

（2）放养时间

2013 年 4 月 20 日。

（3）放养规格

平均体质量 11.2 克。

（4）放养数量：

7.6 万尾。

6. 饲养管理

（1）投饲

4月20日放养后，随着水温上升至14℃，4月29日开始驯化投喂，5月4日驯化至食台摄食。全程投喂鲤颗粒饲料（蛋白含量30%），粒径随着鱼种生长，逐渐调整为2.0毫米、3.0毫米；7—8月，日投喂4次（7:30，10:30，14:30，17:00），9月，日投三次（8:30，12:30，4:30），投喂量为鱼体质量的3%～8%，视天气和摄食情况灵活掌握。拉氏鲅食用鱼养殖池塘投喂情况，见图3.25。

（2）水质调节

鱼种入池后，每月泼洒一次生石灰；高温时节定期加注新水，每次注水30～40厘米，中期换水2次，每次换掉池水的3/5，使池水透明度保持在30～35厘米。

（3）测量

定期测量水温，检查拉氏鲅的生长情况，统计吃食情况。拉氏鲅生长情况，见表3.4。

表3.4　拉氏鲅生长情况

日期	体质量（克）	体长（厘米）	特定生长率	日增重	肥满度
2013.04.20	11.20 ± 3.51	9.11 ± 0.56			0.014 8
2013.05.30	11.89 ± 3.52	9.26 ± 0.74	1.50	0.017	0.015 0
2013.06.30	19.60 ± 6.77	10.28 ± 0.98	1.61	0.249	0.018 0
2013.07.30	34.25 ± 7.93	12.03 ± 1.05	1.87	0.488	0.019 7
2013.08.29	38.78 ± 8.28	12.89 ± 0.80	0.40	0.151	0.018 1
2013.09.28	46.44 ± 13.70	13.56 ± 1.28	0.60	0.255	0.018 6

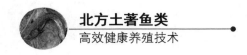

7. 结果

2013 年 4 月 20 日放养 7.6 万尾拉氏鲅鱼种（平均 11.2 克），搭配 500 尾鲢（平均 100 克），750 尾鳙（平均 150 克），经 161 天饲养，出塘拉氏鲅 3 350.1 千克（平均体质量 46.4 克），成活率达 95%，鲢 490 千克（平均体质量 980 克），鳙 1 050 千克（平均体质量 1 400 克），饵料系数为 2.1。拉氏鲅苗种放养和出塘情况，见表 3.5。拉氏鲅成鱼，见图 3.26。

表 3.5 1 龄拉氏鲅苗种放养和出塘情况

种类	放 养			出 池				饵料系数
	时间	体质量（克）	数量（尾）	时间	体质量（克）	重量（千克）	成活率（%）	
拉氏鲅	2013.04.20	11.2	76 000	2013.09.28	46.4	3 350.1	95	
鲢	2013.04.28	100	500	2013.09.28	980	490	100	2.1
鳙	2013.04.28	150	750	2013.09.28	1 400	1 050	100	

图 3.26 拉氏鲅成鱼

第四章
鮨养殖技术

　　鮨是鮨属分布最广泛、种群数量最大的一个类群，在我国除了新疆和西藏以外，各地内陆天然水域中都有分布，也见于日本、朝鲜和俄罗斯的远东地区。它适应性强，生长快，曾被列为我国天然水体三大淡水鱼类之一。鮨肉质细嫩，营养丰富，自古以来，是我国传统的营养滋补品，深受消费者的欢迎。

　　自20世纪90年代以来，随着我国名优水产养殖业的迅速兴起，鮨已经成为东北、华北和西北地区重要的淡水名优养殖鱼类。辽宁地区池塘养鮨业发展较快，2013年鮨年产量达44 511吨，位居全国第三，辽阳灯塔地区现已形成了鮨养殖产业区，每亩产量最高可达5 000千克，已成为辽宁池塘养殖的重要经济鱼类。

第一节　鮨生物学特性

　　鮨属鮨形目、鮨科、鮨属，别名鮨鱼、鮨巴郎、鮨拐子。该鱼在自然界中分布广泛，适应性强，栖息底层，游动迟缓，为肉食性鱼类，自然界中主

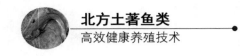

要以小鱼、虾及水生昆虫等为食，人工养殖通过驯化可以集群上浮抢食动物性饵料和人工配合饲料。

一、形态特征

1. 可数性状

背鳍 i–4~6；臀鳍 68~91；胸鳍 Ⅰ–10~13；腹鳍 i–8~13，鳃耙 9~13。游离脊椎骨 56~59。

2. 可量性状

体长为体高的 4.8~6.8 倍，为头长的 4.4~5.8 倍，为背鳍前长的 2.7~3.6 倍。头长为吻长的 3.0~4.7 倍，为眼径的 6.7~10.3 倍，为眼间距的 1.7~2.2 倍。体高为尾柄高的 2.8~3.6 倍。

3. 形态性状

① 体延长，前部平扁，后部侧扁。

② 头中大，宽大于头高。

③ 口大，次上位，口裂呈浅弧形，伸达眼前缘垂直下方。唇厚，口角唇褶发达，上唇沟和下唇沟明显，唇后沟中断。下颌突出于上颌。上、下颌具绒毛状细齿，形成弧形宽齿带；梨骨齿形成弧形宽齿带，两端较尖。

④ 眼小，侧上位，为皮膜覆盖。前后鼻孔相距较远，前鼻孔短管状，后鼻孔圆形。

⑤ 须两对，颌须较长，后伸达胸鳍基后上方；颏须短。鳃孔大，鳃盖膜不与鳃峡相连。

⑥ 体裸露无鳞。侧线完全。背鳍约位于体前的 1/3 处，无硬刺。臀鳍基

部甚长，后端与尾鳍相连。胸鳍圆形，下侧位，其硬刺前缘具弱锯齿，被以皮膜，后缘锯齿强。腹鳍起点位于背鳍基后端垂直下方之后。肛门近臀鳍起点。尾鳍微凹。

⑦ 体色随栖息环境不同而有所变化，一般背部为黄褐色、灰绿色，体侧色浅，具不规则云斑块，腹部灰白色，各鳍均为灰色（图4.1）。

图4.1　鮎

二、生活习性

鮎属温水性鱼类，生存水温 0～35℃，最适生长温度 23～28℃，pH 值 7.0～9.0。主要栖息在江河的中下游和水库、湖泊、泡沼中。适应性强，栖息底层，游动迟缓，耐低氧，1 毫克/升以下也能生存。白天隐居，很少活动，黄昏或夜间出来觅食。

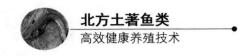

三、摄食习性

鲂颌齿锋利，肠短、有胃，是一种凶猛的肉食性鱼类。在天然条件下，鱼苗阶段可摄食轮虫、水蚤、水蚯蚓及其他鱼苗。鱼种阶段及成鱼阶段则以底层的杂鱼、虾及水生昆虫等为食，所捕食的多是一些小型鱼类，如鳜虎鱼类、鲫鱼、黄颡鱼、麦穗鱼、泥鳅、鲚等，也食虾类及水生昆虫。在北方冬季也摄食，只是摄食强度较低。人工养殖，通过驯化，可摄食人工投喂的动物性饵料和人工配合饲料。

四、生长特点

在自然环境中，鲂常见个体为 0.5～1.0 千克，最大个体为 3 千克，人工养殖条件下，当年最大规格可达 1.5 千克。

五、繁殖习性

1. 长江流域鲂繁殖习性

长江流域，鲂 1 冬龄达到性成熟，雌鱼生物学最小型体长为 14.2 厘米（体重为 26 克），雄鱼体长为 13.5 厘米（体重为 23.6 克）。在 3 月下旬，水温达到 18℃时开始产卵活动，生殖期为 3—7 月；体长为 13.2 厘米，体重为 147.4 克的雌鱼，个体绝对生殖力为 7 608 粒，随着体长和体重的增加而增加，个体相对生殖力为 18.9～159.0 粒/克体重。

2. 辽河流域鲂繁殖习性

辽河流域，雄性鲂 1 冬龄达性成熟，雌性 2 冬龄达性成熟，产黏性卵；雌性生物学最小型体长为 26.5 厘米，雄性为 18.0 厘米；产卵期为 5—7 月，繁殖高峰期为 6 月。个体绝对生殖力（排卵数）为 6 900 ～ 138 200 粒。鲇产卵期长，有利于亲鱼充分利用产卵场和仔鱼利用饵料资源；产卵后卵巢内有大量的卵子残留，可能是对于不稳定生殖环境的适应。鲇成熟卵巢形状为"卵形"，两侧卵巢对称，成熟卵粒较鲤卵粒大，卵径 1.8 ～ 2.0 毫米，怀卵量低于鲤等温和性鱼类，绝对怀卵量约 2 万粒/千克体重，相对怀卵量约 130 粒/克体重。雄性精巢为扇形条散状，人为体外很难挤出大量精液。

3. 胚胎发育

水温 19 ～ 20℃，刚孵化的胚体长 4.3 毫米，卵黄囊卵圆形，头附于卵黄囊前部。心脏位于头短下部。有 3 对触须原基。受精后约经 6 昼夜孵出仔鱼，全长 6.3 毫米。孵出后 7 天，仔鱼全长 9 ～ 10 毫米，开始摄食外界食物，由前仔鱼期过渡到后仔鱼期，此时的仔鱼第 3 对须消失，变成和成体一样只具有 2 对须（1 对颌须，1 对颏须）。

4. 性腺发育

野生雌性鲇的 GSI（Gonadosomatic index，简称 GSI，又称性腺指数）在 1—2 月 GSI 显著升高，3—7 月最高，在繁殖初期成熟雌鱼的成熟系数为 9.7%（3.4% ～ 12.8%）。8—9 月最低，10 月上旬产卵全部结束后降低到最低水平 2.1%。雄鱼的成熟系数为 0.93%（0.59% ～ 1.54%），10—12 月回升。雄性鲇的精巢成熟系数呈现了相同的变化趋势，波动不大。说明雌鱼卵巢成熟系数在周年只有一个峰值，雄鱼精巢成熟系数年际波动不大。

六、鲇幼鱼耗氧率和氨氮排泄率

鲇幼鱼耗氧率具有昼夜节律性，一昼夜在 4:00—7:00 和 17:00—20:00 各出现一个耗氧高峰，这两个时间段应是鲇幼鱼的摄食和活动高峰；在 18 ～

31℃下，鲇幼鱼的耗氧率随着温度的升高而增加，排氨率在 18～26℃ 的条件下随着温度的升高而增加，高于 26℃ 时随着温度的升高而减小；耗氧率（O_R）和排氨率（N）均随着体重（W）的增加而下降，并呈幂函数的关系，相关方程分别为 $O_R = 0.8784W^{-0.9145}$（$R^2 = 0.9731$），$N = 34.665W^{-0.8999}$（$R^2 = 0.8616$）；随着温度的上升，鲇幼鱼耐低氧能力下降，当温度大于 26℃ 时，窒息点超过 0.5 毫克/升；随着体重的增加，鲇幼鱼耐低氧的能力上升，体重低于 4 克时，窒息点没有显著变化，当体重达到 11 克时，窒息点降至（0.319±0.031）毫克/升。

第二节　鲇人工繁殖

一、亲鱼的鉴选和培育

1. 亲鱼来源

亲鱼主要有两个来源，一是池塘养殖达到性成熟年龄的亲鱼；二是从江河、湖泊、水库等水体收集的亲鱼。

2. 亲鱼选择

作为繁殖用亲鱼，要选择无病、无伤、体质健壮、2 冬龄以上，宜 3～5 龄的亲鱼，雌性 1.0 千克以上，雄性最好 0.25 千克以上。

3. 亲鱼培育

亲鱼培育池不要过大，以 3～5 亩为宜，便于催产时拉网操作。亲鱼培育密度一般为每亩放养 300～500 千克；投喂野杂鱼、动物性饲料等，投饵量按体重的5% ～10%，根据温度和鱼类吃食情况增减。池塘培育鲇亲鱼（图 4.2）。

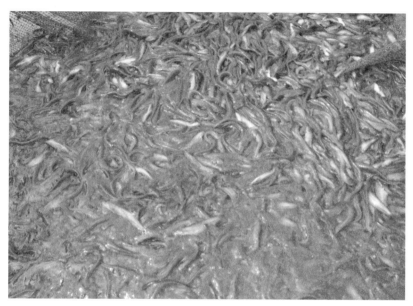

图4.2　池塘培育的鲇亲鱼

4. 雌雄亲鱼的鉴别

雌雄亲鱼的鉴别以尾叉的深度作为鉴别的指标，即尾叉较深，达尾鳍2/3以上为雄性（图4.3），雌性尾叉浅，达尾鳍1/3（图4.4）。

5. 注意事项

亲鱼的选择和培育对于生产苗种的养鱼户来说是非常重要的，特别是来源于江河、湖泊和水库的亲鱼要特别的慎重，从外观根本无法鉴别亲鱼的成熟度和年龄，从而影响苗种的生产，造成经济损失，所以建议最好选择从池

雄性尾叉深

图 4.3 雄性亲鱼

雌性尾叉浅

图 4.4 雌性亲鱼

塘养殖达到性成熟年龄的亲鱼，年龄最好是 2~5 龄。

二、产卵池和鱼巢准备

1. 产卵池

产卵池是提供一定生态条件的亲鱼产卵和收集鱼卵的场所。产卵池可直接使用家鱼的产卵池，也可使用水泥池或网箱，水深 1.0~1.5 米，注排水方便。产卵用的网箱一般不宜过大，以操作方便为宜。

2. 人工鱼巢

鱼巢是亲鱼产卵的附着物，一般使用棕榈皮材质鱼巢。使用前，高温水煮后晒干，用剪子将硬壳部分剪掉，并搓成网状的薄片备用。

三、人工布巢

在产卵池中布置鱼巢，方法与鲤相似，但鲇卵的黏性不如鲤卵的黏性大，且鲇产卵行为十分激烈，大部分卵粒易从上层鱼巢上脱落，堆积产卵池底，易缺氧死亡。为提高鲇接卵效率，应在产卵池底部布置底巢，全部铺满，如产卵量较大，产卵期间应定期更换。底巢的布置方法是用直径 0.5 厘米的钢筋或 8 号铁线焊成长方形框架，框架的形状和大小根据产卵池的形状而定，中间用筛绢或网布连接，把棕榈皮附在筛绢和网布上，底巢着卵率占总产卵数的 40%~60%。鲇产卵池池底布巢情况（图 4.5）；鲇人工鱼巢，见图 4.6；鲇产卵池池底鱼巢接卵情况，见图 4.7；技术人员检查池底鱼巢布卵情况，见图 4.8。

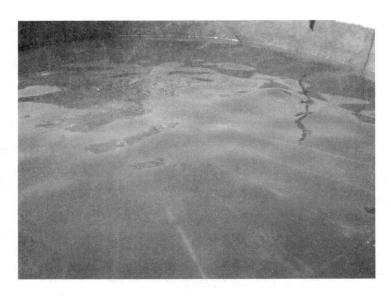

图 4.5　鲇产卵池池底布巢情况

图 4.6　鲇人工鱼巢

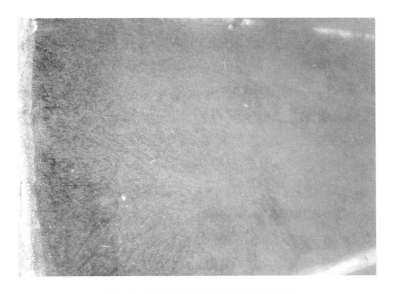

图 4.7　鲇产卵池池底鱼巢接卵情况

图 4.8　技术人员检查池底鱼巢布卵情况

141

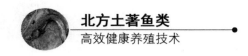

四、雌雄亲鱼成熟度鉴别和配组

1. 成熟度鉴别

在生殖季节，雌鱼腹部膨大，生殖孔红肿，有放射状斑纹。雄鱼腹部狭小，生殖孔周围无放射状斑纹。鲇雄性较小，一般 0.25～0.5 千克，雌性较大，1.0～1.5 千克（图 4.9）。

图 4.9　鲇亲鱼

2. 雌雄配组

雌雄配组时要根据亲鱼的大小灵活掌握，由于鲇雌雄大小差别很大，产卵时一尾雌鱼甚至被两尾或两尾以上雄鱼缠住，从而达到排卵受精，因此亲鱼配组最好为雌雄比为 1:1.5～2.0。

五、人工催产

1. 催产时节

人工催产的目的就是使亲鱼集中大批产卵，获得大批量的苗种，进行养殖生产。鲇在水温17℃以上即可进行催产，辽宁地区一般在5月中旬进行人工催产。鲇的产卵一般在凌晨至上午，催产效应时间为10~15小时，因此在下午14:00—15:00注射催产药物为宜。

2. 催产药物

鲇催产药物有：鲤、鲫脑垂体（PG）、绒毛膜促性腺激素（HCG）、马来酸地欧酮（DOM）和促黄体释放激素类似物（LHRH-A$_2$）。为了提高鲇的催产效率，降低成本，生产过程中一般采用5微克/千克 LHRH-A$_2$+5毫克/千克 DOM 一次注射，雄性剂量减半。根据水温和亲鱼的发育情况，药物剂量可作适当调整，即亲鱼成熟良好，催产剂的用量可适当低些；成熟稍差的亲鱼，催产剂的用量可适当高些；催产时的水温较低，剂量适当高些；水温较高时，用量可适当降低。正常情况下鲇的催产率为70%~80%。

3. 注射液的配制

催产药物需用注射用水或生理盐水溶解后才能注入鱼体，注射药液量依鱼体大小而定，一般每尾鱼注射1~3毫升。在实际生产中主要根据每批催产亲鱼的数量，乘以每尾鱼注射的药液量，计算出所需要的生理盐水总量，然后把计算出的催产药物溶解在其中。每次配置的注射药液量一般比计算出的用量要多出20~30毫升，雌雄用药最好分开配制，防止催产时药量的损失。溶药时，用针管抽出少量生理盐水，注入药瓶中，轻微震荡几下，使药物全

部溶解后，放入盛药的容器中，再加入所需的生理盐水，反复震荡几次，使药均匀溶解在生理盐水中。催产药剂一般要求现用现配，如果有剩余，要保存在低温、阴暗处，不宜超过3天，注射用具（注射器、针头等）使用前需要消毒30分钟。

4. 注射部位

注射部位有体腔注射和背部肌肉注射，催产鲇一般采用后一方法。注射时，把亲鱼放入干净的尼龙袋中，在袋外直接刺破袋壁进行背部肌肉注射。这种方法不仅大幅度提高了催产效率，而且还可避免鱼体受伤。鲇胸鳍第一硬棘粗壮，身体无鳞且滑，注射操作时难度大、时间长，一般采用一次注射。注射后亲鱼直接放入产卵池中，一般每平方米放亲鱼3~5组。鲇人工注射，见图4.10。

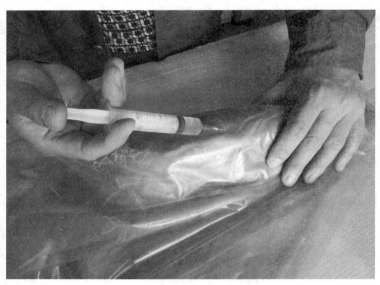

图4.10　鲇人工注射

六、人工授精

人工授精的关键要掌握亲鱼催产后发情产卵的时间，即效应时间。效应时间的长短与水温、注射次数、催产剂种类及生态条件有关。一般水温高，效应时间短；水温低，效应时间长。在实际生产中，要仔细观察产卵池内亲鱼的活动情况，发现有追逐等发情现象，应及时检查。至效应时间的雌鱼，用手轻压腹部有卵粒流出，呈草绿色，富有弹性且透明。至效应时间的雄性亲鱼，挤压腹部有少量白色精液流出，此时剖腹取精巢，用剪子搅碎，研钵研出精液。人工授精方法与家鱼相似，将卵挤于洁净干燥的盆中，同时适量精液倒入盆中，同时加入适量生理盐水并用羽毛搅拌混匀，再将卵均匀地撒在水槽中的鱼巢上，受精率一般可达85%以上。此方法因消耗较多的雄性亲鱼，生产中采用较少，一般采用人工催产自然产卵的方法。人工挤卵，见图4.11；剖腹取精，见图4.12；人工授精，见图4.13；鲇人工布卵正面见图4.14，反面见图4.15。

图 4.11　鲇人工挤卵

图 4.12　鲇剖腹取精

图 4.13　鲇人工授精

正面

图 4.14　鲇人工布卵

反面

图 4.15　鲇人工布卵

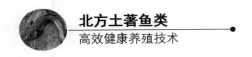
七、自然产卵

水温 17 ~ 23℃，鲇从人工催产到产卵大约需要 10 小时，整个产卵过程持续 3 ~ 5 小时。根据鱼巢附卵情况，要迅速把挂卵鱼巢移入孵化池中孵化，避免亲鱼吞食鱼卵。产完卵的亲鱼放入种鱼池，进行产后培育，为来年繁殖生产作准备。

八、人工孵化

1. 受精卵消毒

受精卵进入孵化池前一定要进行消毒，主要采取药浴法，即将附有鱼卵的鱼巢在高浓度的药液（霉菌净、亚甲基蓝等）中药浴一定时间。另外，在受精卵孵化过程中，隔一段时间要全池泼洒一次药液，预防鱼卵水霉病的发生。在生产中一般用亚甲基蓝 2 ~ 4 毫克/升全池泼洒，或 10 ~ 15 毫克/升药浴 5 ~ 10 分钟。

2. 孵化方法

有三种孵化方法：一是在孵化环道中微流水孵化，二是受精卵在土池中孵化，三是受精卵在网箱中孵化。

（1）环道孵化

是把附有受精卵的鱼巢放入环道中，每立方米水放卵 20 万 ~ 40 万粒，以微流水，流量以不缺氧为准。孵化用水需用 50 ~ 60 目筛绢严格过滤，以防水生动物危害鱼卵，待鱼苗平游后即可下塘或出售。一般情况下，每立方米水体生产水花 15 万 ~ 30 万尾。车间水泥池静水孵化，见图 4.16；鲇环道流水孵化，见图 4.17。

图 4.16 车间水泥池静水孵化

图 4.17 鲇环道流水孵化

（2）土池孵化

是把附卵鱼巢直接放入已清塘肥水的土池中，每亩放卵大约40万粒，鱼苗孵出后直接在池塘进行夏花培育。此方法要求池塘必须彻底清塘，杀灭敌害生物，肥好水，肥度适宜，使鱼苗开口时有充足的适口饵料，这样才能保证鱼苗的成活率。应注意的是等到鱼苗平游后再将鱼巢取出。

（3）网箱孵化

是把网眼为50～60目的网箱放入池塘中，网箱大小根据实际情况以操作方便为宜。把附有受精卵的鱼巢均匀放入网箱中，以每立方米水放受精卵20万粒左右为宜。鱼苗平游后，把网箱和鱼巢捞出，鱼苗放入夏花培育池或孵化环道中待售。鲇池塘网箱孵化，见图4.18。

土池孵化和网箱静水孵化两种方法适合于没有孵化设备的渔场，这两种方法既省钱又省力。

图4.18　鲇池塘网箱孵化

九、影响鲇人工孵化的几个因素

1. 温度

受精卵孵化的时间与水温有关，水温 17～20℃，经 90～96 小时（4 天）可孵出鱼苗，水温 20～27℃，孵化时间为 34～54 小时，即 2～3 天。在适温范围内，水温越高，胚胎发育的速度越快，反之则慢；水温过高或过低，都能影响胚胎的正常发育，甚至造成畸形。

在北方春季鲇催产孵化过程中，经常出现大风降温的天气，这对鲇人工催产孵化影响很大。因此，为避开温度骤降给鲇人工催产孵化造成的影响，往往会给孵化设施扣上塑料大棚（图 4.19）。

图 4.19　孵化设施扣上塑料大棚

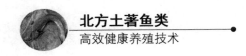

2. 溶解氧

水中溶氧量也是直接影响鱼类胚胎发育的重要因素之一，鱼类胚胎发育过程中呼吸旺盛，对缺氧耐力差。在不同的发育阶段耗氧情况也不同，一般从尾芽出现后，耗氧量剧增，仔鱼期达到最高峰。所以，孵化用水要求较丰富的含氧量，一般应在 5 毫克/升以上。

3. 水霉病

春季孵化用水温度较低，是水霉病的高发期。鲇卵在孵化过程中水霉病是常见的一种病害，对受精卵孵化危害很大，目前还没有非常有效的防治药物。

4. 敌害生物

水中的敌害生物对鱼类胚胎发育的影响也很大，例如剑水蚤、野杂鱼等都会危害鱼卵及鱼苗，因此在受精卵孵化过程中，应防止敌害生物进入孵化容器中。

十、鲇水花鱼苗的销售和运输

1. 鲇水花销售

刚孵出后的鲇水花见图 4.20 所示，形状如蝌蚪，有鼻须 1 对、颌须 2 对，只有长到夏花阶段后，其颌须退化一对，变成四须鲇。鲇苗破膜后 3 ~ 4 天，待其平游后即可出售。

2. 鲇水花计量方法

计量方法同其他家鱼一样，用体积法计量，计算出单位体积鱼苗的数量，

图 4.20　鲇水花鱼苗

再量出出售鱼苗量具的体积，计算出出售鱼苗所用量具的鱼苗数量。本地鲇水花鱼苗要比鲤水花鱼苗大很多，一般情况下，每毫升鲤水花鱼苗大约270～300尾/毫升，而鲇水花大约80～100尾/毫升，数量与出售鱼苗的时间和温度有很大关系，晚半天或一天，鱼苗的大小就有很大区别。

3. 鲇水花运输

鲇水花鱼苗运输的方法和家鱼、鲤等鱼类一样，采用塑料袋充氧运输。规格为70厘米×40厘米的塑料袋可运输10万尾左右的水花鱼苗。短途运输用编织袋封装，长途用泡沫箱封装，并在箱内放上用纯净水瓶制成的冰块。一般情况下，运输袋装水量为1/3左右，2/3用于充氧（图4.21）。

图 4.21　鲇水花塑料袋充氧运输

第三节　鲇苗种培育

一、夏花鱼苗培育

鱼苗培育主要有两种方法，一是水泥池培育，二是土池培育，土池培育是目前主要采取的一种方式。

1. 水泥池培育

刚孵出的鲇苗体透明，在鱼巢上和池底游动，有一个很大的卵黄囊，以其为营养源，孵出后 3～4 天卵黄囊已近吸收完毕，此时鱼苗已能平游并开口吃食。鱼苗在水泥池培育，放养密度为 1 500 尾/米^2，鱼苗开口时要投喂投轮虫、枝角类（每尾 20 个左右），每天投喂 2 次。鱼苗饲养 3~5 天后，将养殖密度调整为 500~800 尾/米^2，用 60 目的筛网捞水蚤投喂。在鱼苗长到 2 厘米以后可逐渐投喂新鲜野杂鱼鱼糜，每天 2 次，投喂量约占体重 15%~20%，饲养 10~15 天鱼苗可长到 3~5 厘米。

2. 土池培育

（1）培育池的选择

培育池条件的好坏直接影响鱼苗培育的效果。鱼苗培育池应有利于鱼苗的生长、成活、管理和捕捞。应具备如下条件：① 靠近水源，注、排水方便；② 池形整齐，面积和水深适宜，最好为长方形，面积以 1~5 亩为宜；③ 土质以壤土为好，池堤牢固，不漏水；④ 池底平坦，淤泥适量（10~15 厘米），无水草丛生；⑤ 背风向阳，光照充足。

（2）培育池的清整

鱼苗身体纤细，对外界条件的变化和敌害侵袭抵抗力差，因此彻底清塘是提高鱼苗成活率的重要措施之一。生产中常用的清塘药物为生石灰和漂白粉。生石灰清塘分干池清塘和带水清塘两种方法。干池清塘是先将池水排至 5~10 厘米深，然后在池底四周挖几个小坑，将生石灰倒入坑内，加水溶化，不待冷却即将石灰浆向池中均匀泼洒。最好第二天再用长柄泥耙在池底推耙一遍，使石灰浆与塘泥充分混合，以提高清塘效果。干池清塘生石灰的用量为每亩用 60~75 千克。带水清塘就是不排水即将溶化的生石灰水趁热全池均匀泼洒。生石灰用量为每亩池塘水深 1 米用 125~150 千克。漂白粉清塘每亩池塘水深 1 米用漂白粉 15 千克左右，即 20 毫克/升。

（3）发塘

土池培育最关键的是在放鱼卵或鱼苗前，要"发好塘"（彻底清塘消毒、

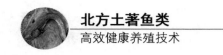

肥好水），使鱼苗开口时有充足的适口生物饵料。鱼苗下塘前 15~20 天，用生石灰或漂白粉彻底清塘，杀灭池中危害鱼苗的各种野杂鱼类和其他敌害生物。清塘后加注新水 80 厘米左右，每亩施发酵好的有机肥（一般牛粪）300~400 千克培肥水质，使鱼苗下塘时赶上小型枝角类的高峰期为宜。鲇苗下塘后枝角类的丰欠是鲇苗成活率的关键，鲇仔鱼开口时口裂宽为 0.90~1.00 毫米，开口即可主动吞食小型的枝角类及大型轮虫。用破膜 4 天的鲇仔鱼进行开口试验，分别喂以轮虫、枝角类、蛋黄、豆浆等饵料，分组喂养 10 天，结果发现，用枝角类喂养的鲇仔鱼，生长速度、养殖成活率均高于其他饵料组。

（4）放养密度

土池培育一般每亩放鲇卵 30 万~40 万粒或水花 10 万~20 万尾。

（5）鲇夏花驯食

鲇鱼苗喜阴，水花鱼苗下塘前，在培育池的四周应铺上一层草帘子，作为鲇苗的隐蔽物，草帘子大约占池塘四周的 1/3，同时浮游动物也会集中在草帘子的周围，便于鲇苗的摄食。当鱼苗长到 2 厘米左右时，开始投喂鱼糜，将鱼糜放在帘子底下。随着鱼苗逐渐长大，逐渐撤掉一部分草帘子，最后将鱼苗驯化成集中到饵料台摄食。

（6）土池培育鲇夏花注意事项

① 水花鱼苗下塘时，一定要注意鱼苗运输容器的水温与池水温度差值不宜过大，不超过 2℃，如温差过大，必须缓慢调节运苗容器的水温使之接近池水温度。用塑料袋充氧运输的鱼苗，须先将袋放在池边水面上，待袋内水温与池水温度相差无几时再放苗。另外放苗时间最好在晴天的上午 8:00—9:00，下午高温、大雨或降温时，都不宜水花鱼苗下塘，如果放苗正赶上有风天气，放苗一定要在鱼池的上风口。

② 鲇鱼苗摄食量大，在培肥水质过程中，施入了大量的有机肥，在浮游

动物数量不足时，要继续施肥，往往会引起水中氨氮含量过高，导致鱼苗死亡，这种现象在鱼苗培育过程中经常发生。所以，在鲇水花鱼苗入池前，一定要测定池水的氨氮含量，且在培育过程中也要经常测定池水的氨氮含量，保证池水氨氮含量小于 0.2 毫克/升，若池水氨氮含量过高，应马上采取措施，如注新水等，以降低氨氮的含量，保证鱼苗培育的成活率。

③ 当后期天然饵料不足时，用 50 目的筛网从其他池塘捞取枝角类投喂。鱼苗长到 2 厘米左右时，大型枝角类和桡足类大小已经不适口，已经不能满足鲇苗的生长需求，此时应该增投鱼糜，以防鱼苗间相互残食，提高鱼苗培育成活率。

（7）拉网锻炼

鲇苗售出前，同其他养殖鱼类一样要进行拉网锻炼，使组织中的水分含量降低，肌肉变得结实，经得起分塘操作、运输中的颠簸，还可以使鱼体分泌大量黏液和排除粪便，有利于提高运输成活率。拉网锻炼的方法是：选择晴天上午 9:00—10:00 拉网，收网后使鱼苗密集 3~5 分钟后放回池塘中。一般情况下要经过两次以上拉网锻炼才能出池。拉网锻炼应注意以下几点：

① 拉网前须停食，并清除池塘中的水草和青苔，以免影响拉网和伤害鱼体。

② 拉网锻炼不能在缺氧浮头时进行。

③ 拉网速度要慢，操作要轻，网后要有人检查鱼苗是否贴网，如发现鱼苗贴网，应立即停止拉网，视具体情况再练网。

④ 鱼苗在网衣内密集时，须从网外向内划水，以免鱼苗浮头。密集的时间长短，视鱼的活动情况而定，如活动不正常，应立即放入池塘。一般密集时间不能过长，尤其是第一次拉网锻炼。

（8）出塘

经过 15~20 天培育达 3~4 厘米时就可出塘分池或销售。出售夏花鱼苗

同鲤和其他家鱼的计数方法一样,采用数量法,数出出售鱼苗量具的鱼苗数量即可。随着鲇养殖业的发展,广大养殖者为了提高食用鱼养殖成活率,放养的鱼苗规格由以前的3~4厘米,提高到现今的8~10厘米,所以鱼苗培育时间也由以前的10~15天延迟到20~30天。随着池鱼的生长,饲料也由前期的鱼糜逐渐改为碎鱼块,饲养到20~30天后,鱼种规格达40~50尾/千克,此时出售按重量计算,即算出每千克鱼苗的尾数。鲇夏花鱼苗,如图4.22。

图4.22　鲇夏花鱼苗

（9）鲇苗种的运输

为保证鱼苗的成活率,鲇夏花运输采用尼龙袋充氧运输。北方地区出售鲇夏花鱼苗的时间一般在6月中旬,此阶段白天气温高,宜于晚上进行长途运输。规格为70厘米×40厘米的尼龙袋可装3~5厘米鱼苗1 000~3 000尾,短途运输可装3 000尾,如果长途运输装1 000~1 500尾。短途运输用编织袋封装,长途用泡沫箱封装,并在箱内放冰块;若长途运输超20小时,运输途中应经常检查，根据情况中途可换水和补给氧气。8～10厘米的鱼苗，一般使用胶囊作为运输工具。

二、鱼种培育

在我国纬度比较高的一些地区，放养的鲇夏花鱼苗由于温度的限制，当年不能养成，需要经过鱼种阶段培育；购买7—8月晚苗，由于受生长期限制，也需要经过鱼种阶段培育，第二年才能育成食用鱼。

1. 鲇苗种主养模式

鱼种培育池塘面积一般在2～6亩，放苗前要清塘肥水，使鱼苗下塘后有丰富的天然饵料。以鲇为主养品种，放养密度一般每亩为鲇夏花3 000～5 000尾，搭配鲫夏花200～300尾、鲢鳙夏花2 000～3 000尾。一般经过30天的饲养，鱼苗体重达到10克左右时，开始正常驯化投喂，每天投喂2次，上、下午各一次。投饵量一般为鱼体质量的10%，根据天气、水质和鱼的吃食情况调整。如发现饵料台有剩余饵料，投饵量应适量减少。饲养鲇目前采用的饵料主要是动物性饲料和海淡水杂鱼，这两种饵料来源广，价格比较低，还可投喂人工配合饲料。放养密度和产量根据实际情况确定，一般高密度养殖情况下，经过两个多月的饲养，亩产可达500～1 000千克，规格50～250克，成活率50%～60%。

2. 鲇苗种套养模式

鲇鱼种培育的另一种方法是在主养鲤池塘中套养，如在鲤鱼种培育池中放养3.3～4.0厘米鲇夏花500尾/亩，占放养量的12.2%，初期投喂一些动物性饲料，经过95天饲养，鲇鱼种规格达175克，成活率50%，亩产43.8千克。套养鲇鱼的模式就是在不影响其他养殖鱼类的前提下，每亩投放鲇鱼

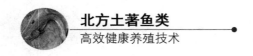
夏花 300 ~ 1 000 尾。初期投喂一些动物性饲料，如野杂鱼、鸡肠子等，亩产鲇鱼种 35 ~ 50 千克，亩效益可提高 200 元。

第四节　鲇食用鱼养殖

由于鲇生长速度快，当年鱼苗就可养成食用鱼，所以一般都是从夏花直接养成食用鱼，这是北方地区鲇食用鱼养殖的一个主要模式。食用鱼养殖的模式大致有三种。

一、池塘混养

这种养殖模式就是在不影响其他主要养殖鱼类的基础上，特别是主养鲫鱼和罗非鱼的池塘，每亩套养鲇夏花 40 ~ 50 尾或者 100 尾鱼种（50 克左右），年底可达 0.3 ~ 0.5 千克，成活率 90% 以上。

辽宁省淡水水产科学研究所，1997 年在所试验场进行了池塘主养罗非鱼搭配鲇的养殖模式，结果见表 4.1。

表 4.1　池塘主养罗非鱼搭配鲇鱼养殖模式

类别		放养情况			养殖结果					
	品种	规格（克）	数量（尾/亩）	重量（千克/亩）	规格（克）	成活率（%）	数量（尾/亩）	重量（千克/亩）	单价（元/千克）	产值（元/亩）
主体鱼	罗非鱼	75	1 300	97	531	85	1105	585	14	8 190
搭配鱼	鲇	75	70	5.5	750	75	53	40	20	800
	鲢	100	300	30	790	85	238	188	3	564
	鳙	100	100	10	780	85	85	66	6	396
	鲤	100	100	10	850	82	82	69	8	552

结果可见，仅鲇一项亩效益提高了 600 元左右。通过鲇控制罗非鱼仔鱼，保证了主养鱼的正常生长，也获得了一定的鲇产量，是一个很好的养殖模式。

二、池塘主养

当前，鲇养殖的主要模式即池塘主养，池塘直接放养夏花，当年养成食用鱼。由于各地的自然条件不同，放养的密度、投喂的饵料、搭配的品种也不尽相同，因此模式上有一些差异。

1. 池塘条件

池塘面积以 5～10 亩为宜，池底平坦不漏水，底泥厚度最好不超过 20 厘米，最好是新推或清完底泥池塘，水深能保持 2.5～3.0 米，注排水方便。水源充足，没有污染，河水与电井水均可。

2. 放养前准备

（1）清塘
鱼苗放养前 10 天须彻底清塘，方法同其他常规鱼类养殖，采用干法清塘消毒，每亩用生石灰 50～75 千克或漂白粉 5～10 千克。
（2）鱼种消毒
鱼种放养前用 2%～3% 食盐溶液浸泡消毒。

3. 放养时间、规格

放养时间在 6 月中旬以前，鲇夏花鱼苗规格近 10 厘米。

4. 池塘主养鲇模式

① 鲇夏花鱼苗 4 000～5 000 尾/亩，配养鲢、鳙和鲫鱼夏花，密度为鲢

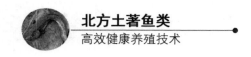

1 500 ~ 2 000 尾／亩，鳙 500 ~ 1 000 尾／亩，鲫 800 ~ 1 000 尾／亩。

② 鲇夏花鱼苗 7 000 ~ 8 000 尾／亩，配养鲢、鳙和鲫鱼夏花，密度为鲢 1 500 ~ 2 000 尾／亩，鳙 500 ~ 1 000 尾／亩，鲫 500 ~ 800 尾／亩。

③ 鲇夏花鱼苗 10 000 尾／亩，配养鲢、鳙、鲤和鲫夏花，密度为鲢 1 500 ~ 2 000 尾／亩，鳙 500 ~ 1 000 尾／亩。鲫、鲤 500 ~ 1 000 尾／亩。

5. 饲养管理

（1）饲料

目前养殖鲇鱼饲料主要是冰鲜海杂鱼或淡水杂鱼等低价值鱼类，也可用其他动物性饲料，如鸡肠子、螺肉等低价值动物蛋白源，这些原材料一般1 ~ 2 元／千克，饵料系数在 3.5 左右，养殖鲇鱼每斤鱼成本在 4.5 元左右。投喂前，将这些原料用绞碎机绞碎，加入饲料黏合剂，将各种原料、添加剂、黏合剂、诱食剂混拌均匀。

（2）驯化

鲇苗驯化和鲤鲫鱼相似，坚持定时在食台（图 4.23）投喂，投饵时先发出响声，经过 7 天左右，就可将鱼驯化成集中上浮水面抢食的习惯。

（3）投饵

鲇喜欢夜间捕食，怕强光，喂食一般在傍晚和早晨进行。一般早晨天亮时投喂第一遍，傍晚太阳刚下山时投喂第二遍，每次大约 20 ~ 30 分钟。随着池鱼生长，逐渐调整饲料规格。鲇苗 50 克以前，日投喂量占鱼总重量 10% ~ 15%，50 克以后 5% ~ 10%。投喂量根据鲇鱼的摄食情况酌情增减，每次投喂量以鱼 2 小时内吃完为宜，如有剩余，第二天可适当减少投喂量。另外，还要根据天气情况适当增减，天气不好可以少投一些，天气好时可多投一些，防止剩饵败坏水质，影响生长。在北方地区 9 月中旬以后，随着水温降低，每天傍晚喂一次即可。

图 4.23   鲇食用鱼养殖池

6. 水质调节

饲养期间应勤注换水，放苗初期保持水深 1.5 米深左右。7—8 月，保持水深 2.5 ~ 3.0 米，每隔 7 ~ 8 天注换一次新水；每隔 15 ~ 20 天泼洒生石灰水或光合细菌一次，每次每亩水面用生石灰 20 ~ 25 千克。

7. 日常管理

（1）巡塘

每天早、中、晚巡塘三次，黎明前观察鱼类有无浮头现象，浮头的程度如何；白天随时检查鱼类活动情况、吃食情况和水色变化等；傍晚检查有无残剩饵料，有无浮头征兆等。高温季节，鱼类易发生浮头死亡，应在半夜前后巡塘，适时开启增氧机，防止泛塘发生。

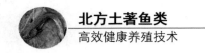

每天巡塘和饲养管理情况应建立日记，按时测定水温、溶氧，记录天气变化情况、投饵数量等。

（2）测量

定期检查鱼类生长情况，每15~20天测量一次，依此确定投饵的规格和投饵量。

8. 养殖结果

在辽宁地区，鲇养殖周期从6月初放苗至10月初停食，经过120天左右时间饲养，一般情况下可亩产鲇2 000~4 000千克，规格0.4~0.5千克，成活率95%以上，亩效益达5 000~7 000元左右。

9. 越冬

越冬管理参考本书第七章。

第五节　鲇常见疾病防治

鲇是一种抗病力较强的鱼类，但在高密度集约化养殖条件下，由于水质、饲料及饲养管理水平等诸多因素的影响，不可避免地发生各种各样的疾病。鲇常见病及其防治方法如下：

一、烂鳃病

（1）病原体
柱状嗜纤维菌。
（2）症状及流行情况
病鱼体色发黑，游动迟缓，鳃盖骨的内表皮往往充血发炎，鳃组织黏液增多，因局部缺血而呈淡红色或灰白色。严重时，鳃小片坏死，鳃丝末端腐烂，并附着污泥等物。此病在 15～30℃均可发病，水温越高越易流行，危害也越严重。

（3）防治措施

① 全池泼洒二氯异氰尿酸钠，使池水成 0.3～0.6 毫克/升的浓度。

② 全池泼洒三氯异氰尿酸，使池水成 0.3～0.5 毫克/升的浓度。

③ 氟苯尼考拌饵投喂，每日 7～15 毫克/千克体质量，连喂 3～5 天。

④ 磺胺间二甲氧嘧啶拌饵投喂，每日 100～200 毫克/千克体质量，分 2 次投喂，连喂 3～6 天。

二、肠炎病

（1）病原体

肠型点状气单胞菌。

（2）症状及流行情况

病鱼初期病鱼体色变浅，食欲明显减退，肛门发炎红肿，剖开鱼腹，轻者食道、前肠充血发炎，严重时全部肠管呈浅红色，肠黏膜往往溃烂脱落，肠内含血黄色黏稠液体，胃肠内均无食物。此病危害鲇成鱼，可与烂鳃病形成并发症。

（3）防治措施

① 投喂内服药饵料，在饲料中加 0.05%～0.1% 的生大蒜汁，每天早、晚各 1 次，连喂 3～5 天，同时对饵料台要坚持消毒清洗。

② 全池泼洒漂白粉 1 毫克/升或生石灰 10～15 毫克/升或强氯精 0.3 毫克/升。

三、细菌性败血症

（1）病原体

报道较多的是嗜水性单胞菌。除此之外，温和气单胞菌、鲁氏耶尔森氏

菌、维氏单胞菌等也可引起。

（2）症状及流行情况

病鱼体表严重充血、出血，病鱼的上下颌、口腔、鳃盖、眼睛、鳍条充血、出血，甚至肌肉也充血出血。病鱼眼球突出，肛门红肿，腹部膨大。脾、肾肿大、严重出血，肠道黏膜出血，发红。此病主要流行于 5~9 月。

（3）防治措施

漂白粉 1 毫克/升或强氯精 0.3 毫克/升或二溴海因 0.2~0.3 毫克/升全池泼洒，同时内服氟哌酸或氟苯尼考，每日用量分别为 20~50 毫克/千克体重、7~15 毫克/千克体重，分 2 次投喂，连用 3~5 天。

四、水霉病

（1）病原体
水霉。

（2）症状及流行情况

主要在鱼卵孵化阶段发生，当水温低于 19℃ 时，寡卵上滋生棉絮状水霉菌丝，随后在好卵上蔓延滋长，菌丝侵入卵膜内，破坏胚胎发育，严重降低鱼苗孵化率。此病主要与水温有关，一般在 15~25℃ 易发生。

（3）防治措施

用食盐和小苏打（1:1）混合液浸泡鱼卵 3~5 分钟，使池水成 8 毫克/升或用亚甲基蓝 2~3 毫克/升，二氧化氯、水霉净等消毒药物。

五、三代虫病

（1）病原体
三代虫。

（2）症状及流行情况：少量寄生，症状不明显；大量寄生时，鱼体发黑、消瘦，行动迟缓，食欲减退，呼吸困难，体表和鳃黏液增多，鳃丝肿胀。主要危害鱼苗、鱼种，春末夏初，水温20℃左右时是其发病高峰期。

（3）防治措施

90%晶体敌百虫，0.5~0.6毫克/升，全池泼洒。

六、车轮虫病

（1）病原体

车轮虫。

（2）症状及流行情况

少量寄生时没有明显的症状；大量寄生时，刺激鱼体表和鳃丝分泌大量黏液，在体表形成一层白翳，在水中观察尤为明显。此病主要危害鱼苗和鱼种。水质不良，有机质含量高，放养密度过大是该病发生的重要诱因。

（3）防治措施

① 全池泼洒硫酸铜与硫酸亚铁合剂（5:2），浓度为0.7毫克/升。

② 用8毫克/升硫酸铜浸洗10~20分钟。

七、小瓜虫病

（1）病原体

多子小瓜虫。

（2）症状及流行情况

病鱼的体表和鳍条或鳃上布满白色小点状囊泡。大量寄生于鳃时，鳃丝颜色变淡，黏液增多，食欲减退，游动异常，最后因呼吸困难而死。此病多发生在春、秋季，流行适温20~25℃。从鱼苗到成鱼，均可发病，尤其在当面积较小的水体或高密度养殖时更易发生。发病率、死亡率高。当水温升高到25℃以上时，可自然降低发病率和死亡率。

（3）防治措施

① 全池泼洒 1.0～1.5 克/米³的瓜虫净。

② 辣椒和生姜合剂全池泼洒，一次量分别为 0.2～1.2 毫克/升和 1.5～2.2 毫克/升，加水煮沸 30 分钟后，连渣带汁全池泼洒，每天一次，连用 3～4 天。

八、肝胆综合征

1. 病因

该病主要是由于放养过密、投饲过量、水质恶化、维生素缺乏、饲料变质等因素而引起的一种疾病。

2. 症状

病鱼肝肿大、黄白色，或呈斑块状黄红白色相间，形成明显的"花肝"症状。胆囊明显肿大，深绿色或墨绿色或变黄变白直到无色。

3. 防治方法

① 生石灰或漂白粉或三氯异氰脲酸全池泼洒，浓度分别为 15～20 毫克/升、1 毫克/升和 0.2～0.5 毫克/升。

② 维生素 C、维生素 E、胆碱、葡萄糖醛酸内脂、甘草粉和胆汁粉，每天每千克饲料用 4 克、4 克、7.5 克、0.1 克、2.5 克和 0.15 克，拌饵投喂，每天 1 次，连用 7 天。

第六节　实例介绍

一、鲇人工繁殖

1. 时间、地点

2009 年 5 月，辽中县土台朝海鱼种场。

2. 亲鱼来源

本场池塘养殖中挑选鲇亲鱼（收集野生鲇于池塘内培育）。

3. 亲鱼选择

雌雄鱼 3 冬龄以上，雌鱼体重 500～1 500 克；雄鱼 250～1 000 克。

4. 亲鱼培育

池塘培育，培育池 2 668 平方米，水深 1.5～2.5 米，淤泥厚度在 10 厘米以下，雌雄同塘培育，雄 3 000 尾、雌 1 500 尾。培育期间投喂冰鲜鱼。培育池，见图 4.24。

5. 人工催产

（1）催产药物和剂量

催产药物采用绒毛膜促性腺激素（HCG）、促黄体素释放激素类似物 2 号（LHRH - A$_2$）和马来酸地欧酮（DOM）组合。剂量为 LHRH - A$_2$ 6～8 微克/千克 + DOM 6～8 毫克/千克 + HCG 800～1 000 国际单位/千克。雄鱼减半。

图 4.24　辽中县土台朝海鱼种场鲇亲鱼培育池

注射药液量为每尾 1～2 毫升。

（2）注射方法

肌肉注射。

（3）产卵方式

人工催产，自然产卵。

（4）产卵池

圆形水泥池，见图 4.25。

6. 孵化方式

池塘网箱孵化，见图 4.26；工人挪鱼巢，见图 4.27；工人把鱼巢放入池塘网箱，见图 4.28。

图 4.25　辽中县土台朝海鱼种场产卵池

图 4.26　池塘网箱孵化

171

图 4.27　工人挪鱼巢

图 4.28　工人把鱼巢放入池塘网箱

7. 鲇人工繁殖总结

（1）结果

2009 年，在水温 16～18℃时催产 1 000 组，雌雄比例为 1:2，采用人工催情、一次注射、自然产卵的方法，获受精卵 1 600 万粒，催产率达 90%，受精率为 95 %。

（2）人工繁殖总结

① 亲鱼 3 冬龄以上，雌规格在 750～1 500 克；雄 500 克左右。

② 在水温 17～20℃，雌鱼与雄鱼比例为 1:2，采用一次注射 LHRH－A_2＋DOM＋HCG，人工催产，水泥池自然产卵的方法最好，催产率和受精率均高于 90 %。

③ 在孵化方式上，首选孵化环道，其次是池塘网箱孵化。

二、鲇池塘食用鱼养殖

1. 时间地点

2009 年 6—9 月，灯塔市良波渔场。

2. 池塘面积

本场 1 号、2 号、3 号池塘，面积均为 6 亩（图 4.29）。

3. 水源

地下深井水。

4. 放养前准备

放养前，按常规方法进行清塘、施肥。

图 4.29　良波渔场鲇成鱼 2 号养殖池

5. 放养时间、规格、数量

2009 年 6 月 20 日，规格：平均 2.4 克，体长 6.5 厘米；放养密度分别为 1 号塘 2.7 万尾，平均 4 500 尾/亩；2 号塘 3.9 万尾，平均 6 500 尾/亩；3 号塘 6 万尾，平均 10 000 尾/亩。各池均搭配花白鲢夏花，密度为白鲢 1 500 尾/亩，花鲢 500 尾/亩。每个池塘配备 3.0 千瓦增氧机各 2 台。

6. 饲料及投饲

（1）饲料
投喂动物性饲料和冰鲜杂鱼。
（2）投饲
坚持"定质、定量、定时、定位"投喂，经过 10～15 天的驯化，大部分鱼均可上浮抢食。池鱼驯食成功后，每天早晚各投喂一次，每次大约 20 ~ 30 分钟左右。鲇苗 50 克以前，日投喂量占鱼总重量 10% ~ 15%，50 克以后 5% ~ 10%。投喂量根据池鱼的摄食和天气情况，酌情增减，每次投喂量以鱼两小时内吃完为宜。9 月中旬以后，每天傍晚喂一次。

7. 水质调节

放苗初期，保持水深 1.5 米深左右；7—8 月，保持水深 2.5 ~ 3.0 米；每隔 7 ~ 8 天注换一次新水；每隔 15 ~ 20 天泼洒生石灰一次，每次每亩用生石灰 20 ~ 25 千克。

8. 日常管理

（1）巡塘

养殖期间，每天早、中、晚巡塘，检查鱼类活动、吃食和水质变化情况等；傍晚检查有无残剩饵料，有无浮头征兆等。高温季节，应在半夜前后巡塘，并适时开启增氧机，防止泛塘发生。

（2）测量

定期检查鱼类生长情况，每 15 ~ 20 天测量一次，依此确定投饵的规格和投饵量。

（3）记录

平时还要做好水温、透明度、日投饵量及死鱼等情况记录。

9. 出塘

经过 92 天的饲养，9 月 20 日出塘，结果见表 4.2。

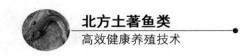

表 4.2　2009 年灯塔鲇食用鱼养殖出塘情况

池塘	放养			出塘				饵料系数	成本	投入产出比
	日期	规格（克/厘米）	密度（尾/亩）	日期	规格（千克/尾）	产量（千克/亩）	成活率（%）			
1 号	06.20	2.4/6.5	4 500	09.20	0.45	1 822.5	90	3.10	4.40	1∶1.26
2 号	06.20	2.4/6.5	6 500	09.20	0.42	2 429.7	89	3.05	4.30	1∶1.28
3 号	06.20	2.4/6.5	10 000	09.20	0.35	2 870.0	82	3.15	4.50	1∶1.25

　　从三个池塘养殖结果可以看出，单位面积产量随着放养密度的增大而增加，出塘规格则减小。投入产出比情况最好的是 2 号池塘。

第五章
怀头鲇养殖技术

怀头鲇属鲇形目、鲇科、鲇属，曾用名索氏六须鲇、黑龙江六须鲇和东北大口鲇，地方名怀头和怀子。在黑龙江、松花江、嫩江和乌苏里江、辽河等水域有分布，其中松花江下游和嫩江中游数量最多。该鱼是一种大型肉食性野生经济鱼类，营养丰富，肉味鲜美、无肌尖刺，含肉率高，鱼鳔、鱼肚有滋补作用，是广大消费者极为推崇的名特优淡水鱼类之一。

第一节　怀头鲇生物学特性

一、怀头鲇形态特征

1. 性状

（1）可数性状

背鳍Ⅰ-4~5；臀鳍Ⅰ-84~89；胸鳍Ⅰ-12~13；腹鳍Ⅰ-11~13；尾鳍17~18。鳃耙14~15。脊椎骨67~68。

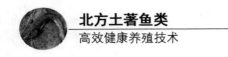

（2）可量形状

体长为体高的 4.3～5.4 倍，为头长的 3.3～4.2 倍。头长为吻长的 2.7～
3.5 倍，为眼径的 11.6～13.2 倍，为眼间距的 1.8～2.4 倍。体高为尾柄高的
3.9 倍。

2. 形态特征

① 体延长，前部纵扁，后部侧扁。头宽且纵扁。口大，次上位，口裂后
端达眼后缘垂直下方。下颌突出于上颌，颌齿显露。上、下颌及梨骨均具尖
细齿，形成弧形宽齿带。

② 眼小，侧上位，位于头的前部。须 3 对（成体），颌须长，尖端有一
呈颗粒状的皮褶块，后伸可超过腹鳍起点。

③ 鳃孔大，鳃盖膜不与鳃颊相连。背鳍无硬刺，起点距尾鳍的距离是其
距吻端距离的 2 倍以上。臀鳍长，后端与尾鳍相连。胸鳍硬刺较弱，前后缘
光滑。腹鳍起点位于背鳍基后端垂直下方之后，鳍条后伸超过臀鳍起点。肛
门距臀鳍较距腹鳍为近。尾鳍内凹，上叶略长。形态特征如图 5.1。

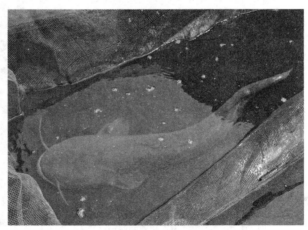

图 5.1　怀头鲇

④ 怀头鲇背部呈褐色，体侧灰色，腹部灰白色。体侧有不规则的暗色斑。怀头鲇易与南方大口鲇、鲇混淆，其形态学比较见表 5.1。

表 5.1 不同鲇生物形态比较

形态	怀头鲇	南方大口鲇	鲇
口裂	较深，一般超过眼后缘	较深，一般超过眼后缘	较浅，一般不超过眼后缘
尾鳍	不对称，上叶长于下叶	不对称，上叶长于下叶	上下叶对称
鱼体	黄色或灰黑色，云斑状	黄色，色彩较均匀	黄色或黑色，黄色一般带云斑状
须	3 对须，第一颌须甚至达鳍基部	体长 15 厘米前幼鱼有 3 对须，成鱼须 2 对	体长 10 厘米前幼鱼有 3 对须，成鱼须 2 对

注：怀头鲇喜底栖生活，第二对下颌须易磨掉，因此鉴选时再加以辅助其他特征进行选择。

二、生活习性

1. 生长水温

怀头鲇正常生活的水温范围为 0～30℃，在池养条件下的最佳生长水温是 20～28℃，摄食旺盛并集群；水温 8℃以下摄食较少、不聚群；4℃以下停止摄食；0℃时呼吸微弱，彻底不动；水温达到 30.5℃时呼吸减弱，不集群；31.5℃时群体分散，部分鱼开始上下狂窜，不安，然后伏底不动，开始死亡；32℃时全部死亡。

2. 生活环境

在江河中，怀头鲇喜栖息于敞水水体，营"底栖"生活，为底层鱼类。游动迟缓，白天潜伏水底或隐蔽于障碍物下，夜间出来到岸边捕食其他鱼类，

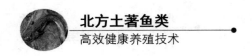
食量大。在人工池塘里，多在池底活动，有时在早、晚天气晴朗时集群到水面上来，白天常集于避光处栖息。如果鱼池中有瓦罐、拱板等障碍物时，鱼就钻入其中。

三、繁殖习性

1. 成熟年龄

雄性 3 冬龄，雌性 4 冬龄以上，体长达 50 ~ 60 厘米以上，雄鱼略小些。

2. 雌雄鉴别

在非生殖季节，雌雄很难区分。在生殖季节，雌雄的主要区别在于：雄鱼体色深，胸鳍较宽，胸鳍硬刺外缘粗糙，内缘前端呈梳子状，生殖孔尖状扁平；雌鱼体色较浅，胸鳍较窄，鳍的硬刺外缘光滑，内缘呈锯齿状，生殖孔红润且大而钝圆，腹部膨大，卵巢轮廓明显。

3. 产卵

（1）产卵时间
一般为每年 6 月下旬至 7 月上旬。
（2）产卵温度
产卵水温在 18 ~ 26℃，最适宜水温 20 ~ 25℃。
（3）产卵场
自然条件下，在水位上涨，岸边河湾陆生植物被淹没时，雌雄成对游入植物丛中，异常活跃，互相追逐，来完成排卵受精动作。受精卵粘在水草上，卵呈椭圆形、淡黄绿色，卵径 2 毫米。

（4）怀卵量

解剖体长 95.5 厘米，体重 7.9 千克的雌鱼绝对怀卵量为 59.8 万粒，相对怀卵量为 298 粒/克。

四、年龄与生长

怀头鲇个体较大，已知最大长度达 4 米，重达 40 千克，比鲇生长速度快，在池塘人工养殖当年最大个体可达 4 千克，平均可达 1.8 千克以上。

五、食性

怀头鲇是凶猛肉食性鱼类，食量大，尤其在产后，其摄食对象多是其他种类鱼类，也食水生昆虫、青蛙、蚯蚓以及水鸭，能捕食相当于自身长度1/3的鱼类，被食的鱼类有鲫、鲤、唇鲴、细鳞斜颌鲴、鲇、泥鳅等。人工饲养条件下，也食人工配合饲料。

第二节　怀头鲇人工繁殖

一、亲鱼的鉴选和培育

1. 亲鱼的挑选

（1）挑选时期

怀头鲇在天然水域中已很难捕到，一般从正规鲇省级良种场选购，选购时间一般在春末或秋初。水温 7～10℃，此时鱼活动力较弱，挑选不易受伤。如条件允许最好在 10 月末进行，可以使亲鱼有较长的恢复期和培育期。

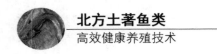

（2）亲鱼挑选标准

选择体表光滑、体质健壮、无病无伤、个体较大的、达性成熟的个体作为亲鱼，雌雄比为1:1。怀头鲇亲鱼，雌性见图5.2，雄性见图5.3。

图5.2　怀头鲇雌性亲鱼

图5.3　怀头鲇雄性亲鱼

2. 亲鱼培育

亲鱼是鱼类人工繁殖的基础，性腺发育是人工繁殖的关键，而亲鱼培育则是关键中的关键。有的生产者往往忽视亲鱼的培育，而单纯强调催产孵化技术，或只强调产前培育，忽视产后培育。

（1）亲鱼池条件

怀头鲇亲鱼培育，土池优于水泥池，亲鱼池塘条件同鲇亲鱼池塘。亩放养量不超过 100 尾，同时应投放一定比例的花、白鲢来调节水质。

（2）饲养管理

与鲇亲鱼的饲养管理一样，如经济条件允许，投放适口的活鱼为最佳饵料，但这样往往成本较高。目前大都投喂冰鲜杂鱼和动物性饲料（鸡肠子、猪肺等），以降低成本。

二、催情产卵

1. 亲鱼成熟度鉴别

亲鱼成熟度的鉴别是决定催产效果的重要环节，其目的是检查性腺是否达Ⅳ期，以确定催产期。在繁殖季节，雌雄亲鱼特征明显，成熟好的雌鱼体色灰黄，腹部膨大、松软，卵巢轮廓明显，生殖孔红润且大而钝圆，胸鳍较窄，胸鳍的硬刺外缘光滑，内缘呈锯齿状，齿较小；雄鱼体色鲜黄，腹部小，体细长，胸鳍较宽，胸鳍硬刺外缘粗糙，内缘前端呈梳子状，生殖孔尖而扁平。雌性怀头鲇亲鱼，见图 5.4. 雄性怀头鲇亲鱼，见图 5.5。

2. 鱼巢布设

怀头鲇的卵属于半黏性卵，黏性较鲇卵差。采用吸附性较好的棕榈皮为

图 5.4 ♀ 怀头鲇亲鱼

图 5.5 ♂ 怀头鲇亲鱼

最佳材料。制作方法为：用细钢筋制框，规格无严格要求，一般为 1 米 × 1 米。用窗纱缝在上面作衬，再将棕榈皮展开缝在上面。棕榈皮含有单宁酸，用前需经煮沸晒干。将处理后的鱼巢平铺于池底。怀头鲇人工鱼巢，见图 5.6。

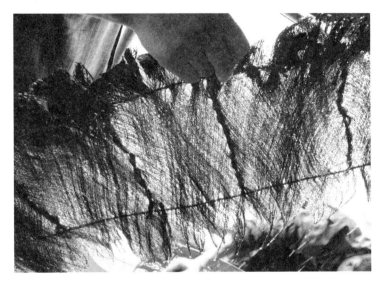

图 5.6　怀头鲇人工鱼巢

3. 人工催产

（1）催产时间及温度

在辽宁地区，怀头鲇的催产时间一般在 5 月下旬，最低水温需稳定在 18℃以上。

（2）催产方式

背部肌肉两次注射。怀头鲇人工注射，见图 5.7。

（3）催产药物及剂量

怀头鲇催产药物有：鲤、鲫脑垂体（PG）、绒毛膜促性腺激素（HCG）、

图 5.7　怀头鲇人工注射

马来酸地欧酮（DOM）和促黄体释放激素类似物（LHRH – A_2）。剂量一般为 8 微克/千克 LHRH – A_2 + 5 毫克/千克 DOM + 1 500 国际单位/千克 HCG。第一针雌鱼用 3 微克/千克 LHRH – A_2 + 2 毫克/千克 DOM + 300 国际单位/千克 HCG，第二针注射余量，两针间隔 12 ~ 24 小时。在水温（25 ± 0.5）℃ 的条件下，第二针后的效应时间为 11 ~ 13 小时。根据天气情况及亲鱼的发育情况，药物剂量可作适量的调整，即亲鱼成熟良好，催产剂的用量可适当低些，成熟稍差的亲鱼，催产剂的用量可适当偏高些；水温较低，剂量适当高些，水温较高时，用量可适当降低，正常情况下怀头鲇的催产率可达 80% ~ 90%。

在药物和流水刺激作用下，经过一段时间，怀头鲇开始发情，雌雄亲鱼互相追逐，达效应时间后，亲鱼互相缠绕，进入产卵高峰。产卵高峰期大都控制在凌晨，产卵过程一般要持续 3 ~ 4 小时。亲鱼产卵期间，应注环境安静。

4. 人工授精

距第二次注射后 11～13 小时，开始进行人工授精。人工授精采取半干法授精。采卵操作需要 4 人，其中 2 人将挑选的亲鱼腹部朝上放入鱼夹中，鱼夹长度比亲鱼体长略长，两人分别夹住鱼的头部与尾部。1 人负责挤卵，先用干毛巾擦干鱼体表的水分，用双手挤压鱼腹部，与此同时，另 1 人手持干燥的白瓷盆对着生殖孔接卵。挤卵的同时，其他人员负责取精。雄鱼很难挤出精液，需杀鱼取精。剪开鱼的腹部，取出精巢剪碎，在干燥的容器内研磨，加入 0.7% 的生理盐水稀释。挤完卵后，马上将稀释的精液倒入盛卵的瓷盆中，用手搅拌均匀，使精卵充分混合，然后加水不停地搅拌。整个授精操作要快，时间控制 3～5 分钟。此时可以人工布巢，也可用黄泥浆脱粘孵化。怀头鲇人工采卵，见图 5.8。怀头鲇人工授精，见图 5.9。怀头鲇人工布卵，见图 5.10。怀头鲇人工挂巢，见图 5.11。

图 5.8　怀头鲇人工采卵

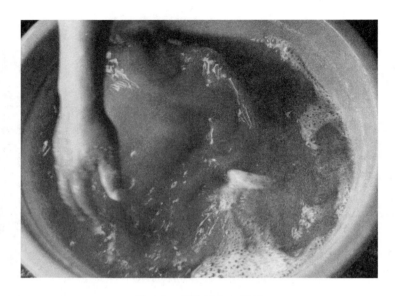

图 5.9　怀头鲇人工授精

图 5.10　怀头鲇人工布卵

图 5.11　怀头鲇人工挂巢

三、人工孵化

怀头鲇的鱼卵孵化基本同鲇鱼卵，主要有以下几个孵化方法：

1. 池塘孵化

可用苗种培育池作为孵化池，这样可避免鱼苗转池带来的麻烦。但受精率、孵化率不易准确掌握。

2. 流水孵化

将粘满卵的鱼巢悬吊于环道中微流水孵化。水温应尽量保持恒定，最适孵化水温为 25℃。孵化期间受精卵应避免强光照射。水源应有过滤措施，防止敌害生物进入。怀头鲇环道流水孵化，见图 5.12。

图 5.12　怀头鲇环道流水孵化

3. 脱粘孵化

　　将脱粘的受精卵放入孵化桶中孵化。孵化桶呈锥形，像一个漏斗，一般采用铁皮、玻璃钢或有机玻璃加工而成，容积 10 ~ 15 升，孵化桶的规格可根据生产需要确定。孵化时水从孵化桶的底部进入，从顶部流出，使卵不断地翻动。孵化密度为 5 000 粒/升。鱼苗孵化出膜前每隔 12 ~ 14 小时用浓度 20 毫克/升的福尔马林溶液消毒一次。

第三节　怀头鲇苗种培育

　　怀头鲇发塘成活率极不稳定，常常出现成活率不高，甚至全军覆灭的情况。这是因为怀头鲇的水花除了具有刚破膜时身体小、游动力弱、摄食能力低、对外界环境条件和敌害生物侵袭的抵抗力差等其他鱼类共有的特点外，怀头鲇鱼苗的口径远比同体长的其他养殖鱼类的口径大得多，摄食量也要大得多，极易出现饲料不足而造成严重的自相残食。并且，怀头鲇在生存条件恶化时也会出现自相残食现象。其根本原因就是，在鱼苗生产中的某个重要环节未能满足鱼苗维持生命活动所需要的条件，造成了鱼苗大量死亡。

1. 池塘条件

池塘面积不宜过大，2～5亩为好。池塘要求水源充足、水质良好、注排水方便，池底平坦、淤泥少，底泥厚度不超过20厘米。

2. 池塘准备

（1）清塘消毒

在鱼苗放养前15天左右彻底清塘消毒。清塘最好用干法清塘，即池塘平均水深在6～10厘米，每亩用生石灰50～75千克化浆后全池泼洒。清塘2天后，将池水注到70厘米左右。注水要经过密眼网过滤，谨防敌害生物等进入。

（2）及时清除敌害

清塘消毒后，要坚持每天早晨和下午各巡塘1次，随时清除池边的杂草、捞出蛙卵，同时还要注意随时消灭有害昆虫（如龙虱幼虫、红娘华等）以及鸟等敌害。蛙类及蝌蚪对发塘的危害极大，因此发塘池中的蛙卵一定要及时捞出。清晨，刚产出的蛙卵浮在水面上，日出后卵块就要下沉到水中而不容易被发现，所以早晨巡塘时要带上工具及时将蛙卵捞除。放鱼前，池塘要用密眼网（夏花网）拉空网。如果发现有清塘未杀死的敌害生物（含野杂鱼）应及时采取捕捉措施，如果敌害生物数量很多则应重新清塘。

（3）搭建遮荫物

在水花放养前，要为鱼苗搭建遮阴设施。具体方法是：在池塘四周离岸

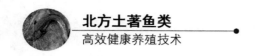
边 2～3 米远处用草帘子搭建宽 1～2 米，长约占全池周长 2/3 左右的遮阴设施，为鱼苗提供一个适宜的生存环境，供其隐藏、栖息，以免其互相残食，影响成活率。

3. 饵料培育

清塘后 5～6 天，每亩施发酵好的有机肥 500 千克。放苗前 5～6 天，开始全池泼洒豆浆培育浮游动物，平均每亩每天泼洒 3 千克黄豆磨成的豆浆。培养饵料生物要掌握科学的方法和最适时间，鱼苗下塘应正值小型枝角类等怀头鲇适口的浮游动物繁殖高峰期，而不是通常的家鱼发塘的轮虫繁殖高峰期。使鱼苗一下塘就能吃到充足而且适口的饵料生物，这样才能提高鱼苗的成活率和生长速度。

4. 鱼苗放养及投喂

（1）适时下塘

孵出的水花鱼苗能平游时即可下塘，最好是在池塘中的小型枝角类繁殖的高峰期下塘，使刚下塘的鱼苗有充足的适口饵料。怀头鲇水花，见图 5.13。

（2）鱼苗质量

鱼苗体质健壮，大小一致，体色鲜嫩，体形肥满匀称，游泳活泼。如果鱼苗拖泥或沉底都是病鱼，放入池塘也不易成活。

（3）放养方法和放养密度

放苗时一定要先测量水温，尼龙袋中的水温和鱼池水温相差不能超过 2℃，温差过大会造成鱼苗下塘后大批死亡。

① 放养方法：先将尼龙袋打开，将袋子边缘卷起，放到池边的浅水处使袋里水温与袋外水温逐渐一致。然后，将鱼苗缓缓倒入事先支好的水花网箱中，先喂一遍蛋黄，一般每 1 万尾鱼苗喂 1 个蛋黄，喂完后半小时即可缓缓

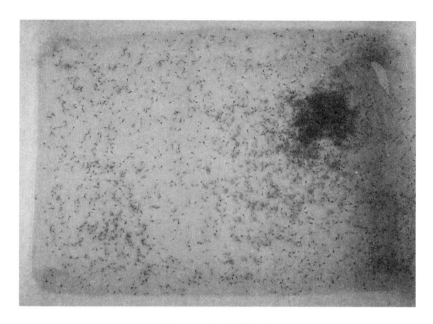

图 5.13　怀头鲇水花

放入池塘中。

②放养密度：一般每亩 2 万 ~ 3 万尾，最多可投放 5 万尾。若放养密度过大，天然饵料不足，会严重影响成活率。

（4）保证池塘内有充足的饲料

鱼苗入塘后，每天都要泼洒大豆浆，每天每万尾用大豆用 1 千克。每天泼洒 4 次，上午 8：00、11：00；下午 14：00、17：00，全池均匀泼洒。4 ~ 5 天以后，在中午时掀起草帘子就可以看到下面的鱼苗，并可以通过草帘子下面鱼苗的数量估算出成活率。鱼苗在水温比较稳定，饵料充足的条件下，经过 10 天左右培育可达到 3 厘米以上。由于怀头鲇极其贪食，当鱼苗长到 3 厘米以上时，池塘中天然饵料开始不足，这时可将新鲜的野杂鱼等打成浆，并按 0.2% ~ 0.3% 拌入鱼用诱食剂（甘氨酸三甲脂）投喂。

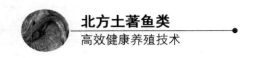

5．日常管理

（1）巡塘

鱼苗下塘后，要坚持每日早晨和下午各巡塘一次，观察水色变化和鱼苗的动态。随时清除池边的杂草、捞出蛙卵，同时还要注意随时消灭有害昆虫（如龙虱幼虫、红娘华等）等敌害。

（2）注水

鱼苗培育过程中应分期注水，方法是：鱼苗下池时池塘水深为50～70厘米，以后每隔3～5天注一次水，每次注水15～20厘米，培育期间共加水3～4次。注水时必须经密网过滤，以防野杂鱼和其他敌害生物随水进入鱼池，同时不要让水流过急冲起池底淤泥，搅浑池水。在炎热的中午可以采用微水流的方法补水或加水，预防气泡病。

6．拉网锻炼与出塘

鱼苗经过20天左右的培育，长到5～7厘米即可出塘。为使鱼苗结实老练，经得起出塘和运输中的操作和颠簸，减少死亡，出塘前要进行拉网锻炼。拉网锻炼的方法：先将池塘中的草帘子等遮阴物取出，选择晴天上午9：00—10：00拉网，第一网将池鱼拉入网中密集片刻（约2～3分钟）后放回原池。隔天进行第2次拉网，使鱼苗在网衣内或网箱内密集。在网衣内密集须从网外向往内划水；网箱内密集，须使网箱在池中移动，以免鱼浮头。密集时间视鱼的活动情况而定，如果活动不正常，应立即放入池塘。一般经2～3次锻炼即可出塘分塘或装车运输。怀头鲇6日龄鱼苗，见图5.14。

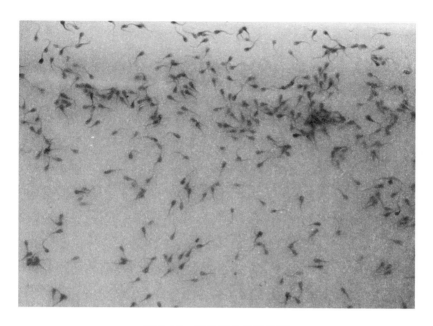

图 5.14 怀头鲇 6 日龄鱼苗

第四节 怀头鲇食用鱼养殖

怀头鲇生长速度快，比鲇快一倍以上，当年鱼苗就可养成食用鱼，所以食用鱼养殖采用的都是从夏花直接养成的模式。这是北方地区鲇食用鱼养殖的一个主要模式。怀头鲇池塘食用鱼养殖的模式大致有两种：

1. 池塘混养

池塘中野杂鱼类与主养对象争夺饵料及溶氧。用怀头鲇控制其数量，减少溶氧消耗，尤其罗非鱼主养池塘，控制其繁殖，可增加单位面积产量。怀头鲇作为底层鱼类，搅动底泥，使其活性污泥增加，促进物质循环，有利于

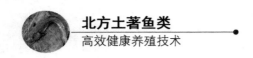

水质改良。怀头鲇当年放养，当年见效。投入增加不大，且可越冬，便于推广。怀头鲇可摄食体质差的染病鱼，对病害防治有益。

（1）套养池塘条件

怀头鲇对池塘条件的要求不高，但为便于管理和操作，最好选择面积5~10亩，水深1.5~2.5米，池底平坦且少淤泥，水质清新，进排水方便，配备有增氧机等设备的池塘。池塘套养怀头鲇，应选择小型野杂鱼丰富的主养鲤鱼、草鱼等鱼类的成鱼池或亲鱼池，不要在鱼种池内套养，否则怀头鲇会摄食鱼种而造成经济损失。

（2）主养鱼放养规格及时间

池塘主养鱼放养规格应在50克以上，放养时间应早于怀头鲇2个月，待怀头鲇下塘时主养鱼规格应在150克以上。

（3）套养密度

池塘套养数量，要根据主养对象及野杂鱼数量来确定。以鲤、草鱼为主的池塘，亩套养30~50尾；以罗非鱼为主的池塘，为控制自繁苗种数量，可套养80尾。

（4）投饲

投饲以主养鱼为主，每次投饲前可适当投喂适口饵料鱼或动物下脚料，以减少怀头鲇和主养鱼类抢食。主养鱼饲料投喂应扩大投饵面积。

（5）日常管理

平时坚持巡塘，检查主养鱼吃食情况，定期检查怀头鲇生长情况及池塘野杂鱼的数量变化情况，若发现数量不足，应补投海杂鱼或动物下脚料。

2. 池塘主养

池塘主养模式是直接放养夏花，当年养成食用鱼。由于各地的自然条件不同，放养的密度、投喂的饵料、搭配的品种也不尽相同，因此模式上有一些差异。

（1）池塘条件

池塘面积 5～15 亩为宜，水深 1.5～2.5 米，池底平坦且少淤泥，水质清新，进排水方便，配备有增氧机等设备。

（2）苗种投放

经过试水后投放怀头鲇夏花或 5～10 厘米苗种，平均每亩放养 3 000～6 000 尾，搭配 100～200 克的鲢、鳙 200～400 尾。

（3）水质调节

鱼种入池后，每月泼洒生石灰一次，高温时节定期加注电井水，每次注水 30～40 厘米，中期换水一次，换掉池水的 3/5，使池水保持肥而爽。

（4）饲料与投喂

投喂的饲料主要有冰鲜杂鱼、动物性饲料等。对于规格较大、不适口的饲料，应切碎或用绞肉机绞碎后投喂。每口池塘设一个饵料台，面积 3～4 平方米。6—10 月，每天傍晚喂一次，日投饲率为池鱼体质量的 2%～5%。7—9 月，每天喂两次，早晨、傍晚各喂一次，早晨少喂，傍晚多喂，日投饲率为 5%～15%。每次投喂量以鱼 2 小时左右吃完为宜，并视天气、水质、鱼的摄食情况增减。

（5）越冬

越冬管理参考本书第七章。

（6）病害防治

怀头鲇的病害防治参照鲇病害防治部分。

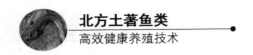

第五节　实例介绍

一、池塘套养怀头鲇

辽宁地区怀头鲇池塘套养情况是：以鲤、草鱼为主的池塘，亩放养怀头鲇 40 尾，起捕率 95%，养殖期 7 月 10 日至 9 月 26 日，平均规格 0.8 千克，最大个体 1.4 千克；罗非鱼为主的池塘，亩放养怀头鲇 80 尾，起捕率 95%，平均规格 0.9 千克，最大个体 1.6 千克。在不增加其他措施的情况下，亩增产怀头鲇 20～50 千克。

二、池塘主养怀头鲇

辽宁省淡水水产科学研究院项目组于 2000 年在本院试验场进行了怀头鲇主养试验，放养、出塘情况见表 5.1；鲇、怀头鲇、南方大口鲇池塘养殖情况比较见表 5.2。怀头鲇食用鱼养殖池，见图 5.15。

表 5.1　主养怀头鲇放养和出塘情况

种类	放养			出塘			
	时间	规格（克）	数量（尾）	时间	规格（克）	产量（千克）	成活率（%）
怀头鲇	6.24	4.7	2 100	10.9	1 802	1 234	30.2
白鲢	6.29	夏花	6000	10.7	100	210	33.3
花鲢	6.29	夏花	2 000	10.7	200	98	25.0
鲤鱼	6.27	夏花	1000	10.9	250	52	20.0
草鱼	7.10	15	40	10.9	—	—	—
泥鳅	6.24	1 030	160	10.9	—	—	—

表 5.2　三种鲇主养效果比较

放养面积（亩）	主养种类	放养			出塘			成活率（%）	起捕率（%）	商品率（%）
		时间	规格（克）	数量（尾）	时间	规格（克）	产量（千克）			
0.27	南方大口鲇	1998.6.15	夏花	8 000	1998.10.8	650	1 500	28.8	87.4	91.2
0.13	鲇	1988.7.1	夏花	6 200	1998.10.17	275	988	51.3	72.6	10.8
0.20	鲇	1999.6.20	夏花	2 400	1999.10.28	350	620	71	69.8	72
0.13	怀头鲇	2000.6.24	4.7	2400	2000.9.10	1 800	1 234	30.2	94.7	98.5

注：三种鲇投喂的饵料鱼皆为海水冰鲜棒鱼，投喂方法相同。

图 5.15　怀头鲇食用鱼养殖池

第六章
杂交鲇（鲇怀杂交）养殖技术

　　鱼类杂交可以利用父本和母本的优势，通过亲本基因的分离和重组，选出具有双亲优良性状的杂种后代。在遗传学上，只要有一对基因不同的两个个体进行交配便是杂交。在育种实践中，不同品系、品种间、种间、属间或亚科间个体间的交配都有成功的可能。杂交可以动摇遗传的保守性，提高杂种的活力，丰富鱼类遗传结构，杂交育种是国内外应用最普遍、最有成效的一种育种方法。

　　关于鲇的杂交育种报道很多，主要有：南方大口鲶与鲇鱼的杂交（南方大口鲇♀×鲇鱼♂；南方大口鲇♂×鲇鱼♀）；怀头鲇与鲇鱼的杂交（怀头鲇♀×鲇鱼♂）；贡氏鲇与非洲鲇的杂交。其中，鲇怀杂交种（怀头鲇♀×鲇鱼♂，以下称杂交鲇）既有母本生长速度快的优势，又有父本耐低氧、抢食凶猛、肉质好等特点，体型好，病害少，耐运输，抗寒，是一种优良的养殖品种。

第一节　杂交鲇生物学特性

一、杂交鲇形态学特征

杂交鲇外部形态，如图6.1。怀头鲇体色呈黄色或灰黑色，须6条；鲇鱼体色为黑灰或灰绿色，成鱼须4条。杂交鲇体色呈黄色带有黑灰或灰绿色斑，须5~6条，前须长/体长较怀头鲇、鲇鱼短，口裂/头长大于亲本，各鳍颜色同鲇鱼一样为身体本色，而怀头鲇则呈黄色。根据以上性状特征可直观地区别三种鱼。杂交鲇平均体重、体长、体高/体长介于亲本之间，但明显近于母本。口裂/头长、肠长/体长、鳃耙数多于亲本，如表6.1。

图6.1　杂交鲇

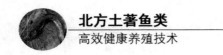
表6.1 杂交鲇及其亲本形态学特征

种类	杂交鲇	怀头鲇	鲇
体重（千克）	1.85 ± 0.13	2.58 ± 1.17	0.34 ± 0.18
全长（厘米）	59.5 ± 0.7	75.5 ± 12.01	37.8 ± 3.2
体长（厘米）	56.3 ± 1.7	71.0 ± 8.02	33.8 ± 3.06
体高（厘米）	8.6 ± 0.1	13.1 ± 1.6	4.1 ± 0.4
体高/体长（%）	15.3	18.5	11.8
头长（厘米）	13.1 ± 0.90	15.1 ± 1.60	6.9 ± 1.10
头长/体长（%）	23.3	21.3	19.8
头高（厘米）	6.4 ± 0.20	8.6 ± 2.90	3.0 ± 0.30
口裂（厘米）	5.5 ± 0.10	6.0 ± 1.40	2.5 ± 0.20
口裂/头长（厘米）	42.0	39.7	36.2
前须长（厘米）	11.3 ± 1.70	16.3 ± 0.40	10.3 ± 0.70
前须长/体长（%）	20.0	23.0	29.5
须数（对）	5 ~ 6	6	4
肠长（厘米）	47.5 ± 0.70	70.3 ± 4.50	28.8 ± 2.50
肠长/体长（%）	94.0	84.3	82.5
鳃耙数	14 ~ 16	11 ~ 12	9 ~ 10
体色	黄底黑灰斑	一般呈黄色	黑灰、灰绿、黄绿

二、杂交鲇的生长速度

在同等条件下，杂交鲇的生长速度明显快于鲇，但总体平均生长速度慢于怀头鲇。杂交鲇和鲇、怀头鲇生长速度比较，见表6.2。

表 6.2　杂交鲇、鲇、怀头鲇生长比较

试验池	鱼种类	放养				出池			
		时间（月.日）	尾数	体长（厘米）	体重（克）	时间（月.日）	检查尾数	体长（厘米）	体重（克）
8 号	杂交鲇	06.17	500	1.8	0.8	09.30	50	56.3	925
9 号	怀头鲇	06.17	500	2.0	1.0	09.30	50	71.0	1 290
10 号	鲇	06.15	500	1.5	0.6	09.30	50	33.7	170

三、杂交鲇的肌肉营养成分

三种鲇肌肉营养成分测定，见表 6.3。杂交鲇肌肉中蛋白质和脂肪含量高于亲本，水分偏低，获得了肉质改良的经济性状。

表 6.3　杂交鲇、鲇、怀头鲇肌肉营养成分

鱼种类	水分（%）	蛋白质（%）	脂肪（%）	灰分（%）
杂交鲇	75.46	17.28	6.28	1.06
怀头鲇	80.15	16.98	1.34	1.01
鲇	80.13	16.82	1.59	1.03

第二节　杂交鲇人工繁殖

一、亲鱼培育

1. 亲鱼的来源

来源于省级以上水产（原）良种场，或池塘自育。

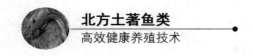

2. 亲鱼选择

雌性怀头鲇需 4 冬龄以上，体质量 7 千克以上；雄性鲇 2 冬龄以上，体质量 0.5~2 千克。体质健壮、无伤病的个体，雌雄比例一般为 1:6~1:10。

3. 亲鱼放养与投饲

怀头鲇（♀）亲鱼和鲇（♂）亲鱼分池培育，投喂适口的饵料鱼或冰鲜杂鱼或动物性饲料（鸡肠子、猪肺等）。怀头鲇苗放养量不超过 100 尾，鲇苗放养量一般不超过 1 000 尾，搭配一定比例的鲢、鳙。

二、人工催产与授精

1. 人工催产

（1）催产时间

在辽宁地区，怀头鲇的催产一般在 5 月下旬，其繁殖最低水温需稳定在 18℃以上。

（2）催产药物与剂量

催产药物有鲤、鲫脑垂体（PG）、绒毛膜促性腺激素（HCG）、马来酸地欧酮（DOM）、促黄体释放激素类似物（LHRH – A_2）。怀头鲇注射剂量为 8 微克/千克 LHRH – A_2 +5 毫克/千克 DOM +1 500 国际单位/千克 HCG，鲇催产药物和剂量为 2.5 微克/千克 LHRH – A_2 +2.5 毫克/千克 DOM。正常情况下，催产率可达 80%~90%。

（3）催产方法

怀头鲇采取背部肌肉两次注射，第一次注射剂量为雌鱼用 3 微克/千克 LHRH – A_2 +2 毫克/千克 DOM +300 国际单位/千克 HCG，第二次注射余量，两次间隔 12～24 小时，在水温（25±0.5）℃的条件下，第二次注射后的效应时间为 11～13 小时。鲇采取背部肌肉一次注射，一般在怀头鲇雌亲鱼第二次注射时一起注射。

2. 人工授精

亲鱼经催产放入产卵池后，池水保持微流水状态，在第二次注射 10 小时后，加大流水刺激。到效应时间，检查亲鱼，发现怀头鲇能挤出卵粒，便开始进行人工授精，具体方法同怀头鲇和鲇。一般 1 尾怀头鲇雌鱼需 6～10 尾雄鲇。

3. 人工孵化

（1）孵化方法
孵化方法与怀头鲇相同。

（2）胚胎发育
杂交鲇受精卵平均卵径 1.64 毫米，卵粒质量 3.5～3.6 毫克。其胚胎发育分为胚盘期、卵裂期、囊胚期、原肠期、神经胚期、器官形成期和出膜期七个阶段。在 18.2～19.7℃水温条件下，经 51 小时孵化出苗。刚孵出的仔鱼卧在水底，颜色为透明的浅黄色，体长 5 毫米左右。2～3 天后鱼苗开始能够平游，此时可下塘或出售。杂交鲇水花，见图 6.2。

第三节　杂交鲇夏花培育

杂交鲇鱼种培育与怀头鲇基本相同，参照第五章第三节怀头鲇夏花鱼苗培育部分。杂交鲇夏花见图 6.3 和图 6.4。

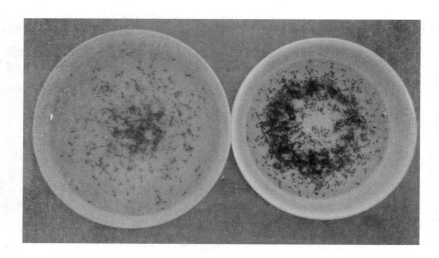

图 6.2　杂交鲇水花

图 6.3　培育 24 天杂交鲇夏花

图 6.4　培育 12 天杂交鲇夏花与培育 18 天的鲇夏花

第四节　杂交鲇食用鱼养殖

杂交鲇食用鱼养殖与怀头鲇食用鱼养殖基本相同，参照第五章第四节怀头鲇食用鱼养殖部分。越冬管理参考本书第七章。

杂交鲇食用鱼养殖池，见图 6.5。

图 6.5　杂交鲇食用鱼养殖池

第五节　杂交鲇常见疾病及治疗措施

杂交鲇常见疾病及治疗措施，参照第四章第五节鲇常见疾病防治。

第六节　实例介绍

一、鲇、怀头鲇、杂交鲇养殖模式对比

辽宁灯塔地区池塘养鲇技术成熟，形成了自己的养殖模式，放养和出塘情况见表 6.4。投喂动物性饲料和海水棒鱼，其中，动物性饲料占 2/3 ~ 4/5，

海水棒鱼占 1/3，苗种期间多喂海水棒鱼。8 月 20 日以后至越冬停食前投喂动物性饲料。

表 6.4　灯塔地区鲇、怀头鲇、鲇怀杂交养殖模式

种类	放养			出池			
	时间	规格 （尾数/500 克）	数量 （尾）	时间	规格 （克）	亩重量 （千克）	成活率 （%）
鲇	7 月上旬	80 ~ 100	10 000 ~ 12 000	10 月	450 ~ 500	4 000 ~ 4 500	80 ~ 90
怀头鲇	7 月上旬	60 ~ 80	3 000 ~ 5 000	10 月	1 000 ~ 2 500	3 000 ~ 3 500	40 ~ 50
鲇怀 杂交	7 月上旬	60 ~ 80	6 000 ~ 8 000	10 月	500 ~ 1 100	3 500 ~ 4 000	60 ~ 80

二、杂交鲇的优点

1. 生长速度快

杂交鲇生长速度快，当年繁殖的鱼苗在池塘主养条件下经 100 多天的养殖，平均可达 1 000 克以上，最大个体可达 2 千克以上，非常适合于北方地区养殖。

2. 适应能力强

杂交鲇适应能力强，抗病力强，生存温度为 0 ~ 32℃。

3. 易驯化

杂交鲇抢食性较好，与怀头鲇相比，其抢食更灵活、更主动，因而较怀

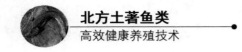

头鲌更易驯化，养殖更容易成功。

4. 肉质好

杂交鲌肉质白嫩细腻，味道鲜美，无肌间刺，含肉率高。

第七章
北方池塘安全越冬管理

我国北方地区冬季气候寒冷，冰封期长达 100 天以上，保证鱼类安全越冬是北方地区养鱼生产中的重要环节。因此，做好鱼类越冬管理，对提高越冬鱼类成活率，确保渔业生产经济效益十分重要。

第一节　池塘安全越冬管理要素

一、池塘条件

越冬池塘深 2.5～3 米，冰下不冻水层在 1.5 米以上；池底平坦，注水方便，淤泥厚度不超过 15 厘米。无水草，不漏水；无工业污水或生活污水流入。

二、水源

无污染的井水、河水、水库水和泉水皆可。

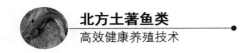
三、加强秋季饲养管理

秋季水温下降后，对鱼要精养细喂，通常从立秋到越冬前应增加投喂含脂肪及糖类较多的饲料。目的是为了增加鱼的脂肪积累，提高肥满度，为越冬积蓄充足能量。

四、适时并塘

并塘时间不宜过早，过早水温高，鱼活动剧烈，拉网操作时鱼容易受伤，一般在水温降至 8 ~ 10℃ 时进行并塘，以防鱼体冻伤患病。并塘过程中要细心操作，尽可能减少鱼体被碰伤。同时，并塘进入越冬池的鱼类，要进行消毒处理，通常用 5% 的食盐水浸泡 5 分钟。北方地区一般采用原塘越冬，即在原养殖池中越冬，这时应做好池塘的防寒准备，为鱼安全越冬创造条件。

五、越冬密度

越冬密度应根据越冬池的条件、鱼的种类和规格、设备及管理水平等方面综合考虑而定，一般每亩放 10 厘米左右的鱼种 1 000 ~ 2 000 千克，成鱼 2 000 ~ 2 500 千克。

六、溶解氧

越冬池水溶氧量 4 ~ 12 毫克/升较为适宜，低于 3 毫克/升时就应该采取增氧措施，高于 16 毫克/升时就应该采取排氧措施。

第二节　封冰前的准备工作

一、封冰前工具及机械设备的准备与检修

1. 扫雪工具及机械设备准备与检修

备好推雪板、扫帚等扫雪工具，有条件采用扫雪机除雪的要备足燃料，同时试运行，如发现故障需及时维修。扫雪机，见图7.1。

图 7.1　扫雪机

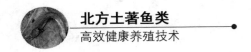

2. 增氧设备的准备与检修

冬季池塘增氧大多采用 4 寸潜水泵或叶轮式增氧机进行增氧，因此要对潜水泵及增氧机进行检修，尤其是增氧机需及时更换防冻齿轮油。

3. 测氧药物及容器的准备

根据越冬池溶氧量的变化规律，越冬池要定期测定溶解氧，因此要预先准备好测氧药物、采水器及磨口瓶等。

二、封冰前的池水处理

北方地区精养池塘一般采用高密度、高产量的生产方式，饲料投喂量大，许多池塘有机质超标。因此，封冰前必须对池水进行处理，以有效降低池水中有机质的含量，减少有机耗氧量，消除致病菌和有毒有害物质，为鱼类创造一个良好的越冬环境。在鱼类停食后，根据当地气候，在封冰前一周左右进行封冰前的池水处理。

1. 排出老水

越冬前，将越冬池的原塘水排出 1/2 ~ 2/3，使越冬池平均水深达 1.0 米左右。

2. 全池泼洒杀虫剂

池塘封冰前，一般用 0.5 ~ 0.7 克/米^{3}敌百虫全池泼洒一次，杀灭水体中和鱼类体表的寄生虫和水体中的浮游动物，减少越冬期因浮游动物的滋生而造成越冬池缺氧。

3. 全池泼洒杀菌剂

全池泼洒杀虫剂后，再全池泼洒一次杀菌剂，二氧化氯或三氯异氰脲酸或二氯异氰尿酸钠均可。对于平均水深 1 米的池塘，剂量为二氧化氯 0.5 千克/亩或三氯异氰脲酸 0.25 千克或二氯异氰尿酸钠 0.4 千克。

4. 加注新水

药物处理后 3~5 天加注新水（最好用井水），使越冬池水深终达 2.5~3.0 米。

5. 培养浮游植物（肥水）

如越冬池水较瘦，封冰期前 7~10 天施入无机肥，促进越冬池水体中浮游植物的繁殖、生长。对于平均水深 1.5 米的越冬池，用量为磷酸钙 5.0~7.0 千克/亩或复合肥 5 千克，禁止施用有机肥。

6. 施用水质改良剂

封冰前 10~15 天，根据池水情况施用水质改良剂，常用水质改良剂有的有沸石粉，亩施用量 15~25 千克。

第三节　越冬（封冰期）管理的技术措施

一、乌冰的处理

在北方，池塘开始封冰时经常遇到先下雨后下雪的天气，使池塘冰面形成乌冰，通常采用叶轮式增氧机搅水使冰融化，重新结明冰。

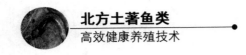

二、溶解氧的监测

越冬池塘冰下溶氧监测是确保鱼类安全越冬的重要手段，通常根据越冬池溶氧量的变化规律，5~7天测定溶解氧一次，冬至到元旦、春节前后每3天测定溶解氧一次，低于3毫克/升，需每天测定，同时需找出越冬水体溶解氧降低的主要原因，并根据测定结果，及时采取增氧措施。

三、及时补水

越冬期间，根据越冬池水位及溶解氧情况来确定注水的次数和注水量。一般每次补水以顶起冰面为准，通常10~15厘米，补水以深井水为宜。

四、控制浮游动物数量

整个越冬期间，注意观察越冬水体浮游生物变化情况，如发现有大量的枝角类和桡足类等浮游动物，可每亩破1~2个1平方米左右的冰眼，在冰眼处泼洒敌百虫，同时用铁锹等工具进行搅拌，使池水成1毫克/升的浓度。也可用水泵抽滤浮游动物，然后加注井水或临近越冬池含浮游植物丰富的水体。

五、补充营养盐类

越冬期间，如发现越冬池水透明度增大，浮游植物生物量减少，溶解氧偏低时，可采用冰下施用无机肥的方法培养浮游植物进行冰下生物增氧（氮肥和磷肥）。

六、扫雪

下雪后，扫雪面积应占越冬池面积的60%以上，以保证冰下越冬水体有足够的光照，使浮游植物进行光合作用制造氧气。

七、增氧

越冬池缺氧时，常采取打冰眼增氧、注水增氧、循环水增氧、化学药物增氧、生物增氧、充气增氧等措施进行增氧。

1. 打冰眼增氧法

在以往的鱼类越冬生产实践中，常用打冰眼方法增加越冬池水中的溶解氧含量。但空气中的氧气通过冰眼向水中扩散的速度很慢，此法只能作为一种应急措施，不能解决根本问题。

2. 注水增氧法

这是小型的、靠近水源的越冬池和渗漏较大的静水越冬池一种较好的补氧方法，但采用地下水进行补氧时要特别注意，水必须经过曝气、氧化和沉淀。

3. 循环水增氧法

在越冬池水量充足或缺少越冬水源的静水越冬池，发现池水缺氧后，可采用原池水循环的方法补氧，如用水泵抽水并有一定的扬程，使水与空气充分接触增氧。

4. 生物增氧法

利用冰下适宜低温、低光照的浮游植物，创造条件促使其大量繁殖进行光合作用制造氧气，提高越冬水体的溶解氧含量，以达到鱼类安全越冬的目的。

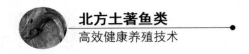

5. 化学药物增氧法

当越冬池发生缺氧时，可采用化学药物增氧法。常用的增氧药物有：过氧化钙、双氧水。如向越冬水体施入 1.0 千克的过氧化钙，产氧量可达 77 800毫升，并在 1～2 月内不断放氧；对于平均水深 1.5 米的越冬池，氧化钙的施用量为 7.0～8.5 千克/亩。

6. 充气增氧法和增氧机增氧

用气泵将空气压入设置在冰下水中的胶管中，通过砂滤头使空气变成小气泡扩散到越冬池水中，以增加水体中的溶解氧含量；增氧机增氧一般采取开开停停、白天开、夜间停等措施，防止水温急速下降。当水温降到 1.0℃以下时，应立即停止。此方法在越冬池使用较多。

八、曝气

越冬期间，如发现越冬池溶解氧含量高达 16 毫克/升以上时，须采取导水曝气等措施降低池水含氧量。

参考文献

陈军，赵立，赵春刚. 2010. 怀头鲇、鲇及其杂交 F1 代胚胎发育的比较研究 [J]. 水生态学杂志，3（4）：92 – 95.

陈文军，李黎，李国光. 2008. 杂交鲇养殖试验报告 [J]. 黑龙江水产，(2)：1 – 2.

陈湘粦. 1977. 我国鲇科鱼类综述 [J]. 水生生物学集刊，6（2）：197 – 218.

陈之航. 2012. 怀头鲇因药物刺激引起头部畸形的防治 [J]. (1)：65.

程湘军. 2010. 野生柳根鱼池塘人工驯养技术 [J]. 黑龙江水产，(1)：20 – 22.

方耀林，余来宁，郑卫东. 1995. 鲇鱼的人工繁殖和苗种培育试验 [J]. 淡水渔业，25（6）：22 – 23.

冯晓宇，杨仲景，郭水荣，等. 2006. 唇䱻人工繁殖和鱼苗培育初步研究 [J]. 淡水渔业，36（6）：58 – 60.

高德，闫有利，郑亘林. 2001. 池塘主养罗非鱼套养鲇鱼试验 [J]. 水产科学，20（5）：37 – 38.

高健. 2007. 斑鳜池塘高产养殖技术 [J]. 河北渔业，(7)：15, 25.

郭贵良，闫先春，杨建光. 2007. 东北地区怀头鲇土池发塘技术 [J]. 中国水产，(5)：36 – 37.

郭水荣，冯晓宇，李行先，等. 2007. 唇䱻与花䱻养殖对比试验 [J]. 内陆水产，2：18 – 20.

韩骥，王云山，李文龙，等. 2013. 黑龙江鲇怀杂交的集约化苗种培育技术 [J]. 渔业致富指南，(12)：64 – 66.

何登伟，刘冰，袁会涛. 2003. 黑龙江六须鲇的人工繁殖及苗种培育 [J]. 黑龙江水产，(3)：5 – 10.

何建国, 翁少萍, 黄志坚, 等. 1998. 鳜暴发流行病病毒性病原研究 [J]. 中山大学学报, 37 (5): 74 – 77.

胡国红, 刘英. 于铁梅, 等. 2001. 池养怀头鲇的生物学究 [J]. 内陆水产. (3): 7 – 8.

胡廷尖, 周志明, 赵静永, 等. 2003. 斑鳜养殖技术 [J]. 河北渔业, (3): 18, 28.

胡育芳. 2011. 水库网箱养殖斑鳜技术 [J]. 科学养鱼, (10): 33 – 34.

黄爱平, 储军. 2011. 长江斑鳜人工繁殖试验 [J]. 科学养鱼, (12): 11.

江林源, 何勇生, 梁劲捷, 等. 2008. 西江斑鳜江河网箱养殖试验 [J]. 广西农业科学, 39 (2): 240 – 242.

江林源, 黄芳洁, 丁绍雄, 等. 2009. 西江斑鳜的形态学特征研究 [J]. 水产学杂志, 22 (2): 46 – 48.

姜景田, 王华生. 2010. 斑鳜网箱养殖常见病害防治 [J]. 齐鲁渔业, 27 (3): 32 – 33.

姜景田, 吕伟志, 许方学. 2007. 鸭绿江野生斑鳜人工繁育试验 [J]. 中国水产, (2): 38 – 39.

蒋湘辉, 骆小年, 刘刚, 等. 2013. 池塘主养唇䱻试验 [J]. 水产科学, 32 (12): 738 – 739.

解玉浩, 李文宽, 解涵. 2007. 东北地区淡水鱼类 [M]. 沈阳: 辽宁科学技术出版社, 148 – 150.

金广海, 骆小年, 刘义新, 等. 2014. 池塘主养拉氏鱥试验 [J]. 水产养殖, (6): 42 – 44.

金利泰. 1972. 朝鲜淡水鱼类志 [M]. 平壤: 科学院出版社, 314 – 316.

孔令杰. 2002. 杂交鲇生物学特性及养殖技术 [J]. 黑龙江水产, (1): 41 – 42.

乐佩琦. 1995. 䱻属鱼类的分类整理 (鲤形目: 鲤科) [J]. 动物分类学报, 20 (1): 116 – 123.

李刚, 胡国宏, 顾权等. 2006. 怀头鲇人工繁殖及苗种培育技术 [J]. 内陆水产, (3):

李赫, 宋文华, 骆小年, 等. 2014. 三种常用药物对唇䱻的急性毒性 [J]. 水产学杂志 [J]. 27 (4): 26 – 34.

李红敬, 杨晓乐, 胡文凯, 等. 2010. 斑鳜池塘生态养殖试验 [J]. 信阳农业高等专科学校学报, 20 (4): 103 – 105.

李红敬, 王玉笛, 孟洁. 2011. 斑鳜的人工繁殖及网箱养殖技术 [J]. 信阳农业高等专科学校学报，21（1）：116－118.

李建军. 2007. 怀头鲇人工繁殖技术［J］. 黑龙江水产，（4）：8－10.

李军，骆小年，金广海，等. 2014. 唇䱻性状对体质量影响及网箱养殖［J］. 水产科学，33
（6）：363－368.

李军，骆小年，李敬伟，等. 2011. 鸭绿江水系唇䱻肌肉营养成分与品质的评价［J］. 沈阳
农业大学学报，42（1）：59－64.

李明峰. 2007. 鳜鱼生物学研究进展［J］. 现代渔业信息，25（7）：16－21.

李思忠. 1991. 鳜亚科鱼类地理分布的研究［J］. 动物学杂志，26（4）：40－44.

李文宽，宋文华，闫有利，等. 2008. 苯扎溴铵治疗斑鳜聚缩虫病试验［J］. 水产学杂志，21
（1）：74－76.

练青平，宓国强，胡廷尖，等. 2011. 唇䱻、花䱻及其杂交 F1 的形态差异分析［J］. 大连海
洋大学学报，26（6）：493－498.

梁旭方，蔡志全，吴华庆，等. 1997. 冰鲜饲料当年苗种网箱养殖商品鳜生产性试验［J］.
水利渔业，（4）：17－19.

梁旭方. 1996. 国内外鳜类研究及养殖概况［J］. 水产科技情报，23（1）：13－17.

林德忠. 2011. 大水面网箱繁育斑鳜技术研究［J］. 当代水产，（1）：63－64.

刘焕亮，蒲红宇，胡作文，等. 1998. 鲇鱼人工繁殖关键技术的研究［J］. 大连水产学院学
报，13（2）：1－8.

刘焕章，陈宜瑜. 1994. 鳜类系统发育的研究及若干种类的有效性探讨［J］. 动物学研究，
15（增刊）：1－12.

刘建康，何碧梧. 1992. 中国淡水鱼类养殖学［M］. 北京：科学出版社，39.

刘建康，柯碧梧. 1992. 中国淡水鱼类养殖学［M］. 北京：科学出版社.

刘景香. 2011. 怀头鲇的生物学特性及养殖技术［J］. 黑龙江水产，（4）：21－24.

刘丽晖，李兆君，刘革，等. 2005. 东北大口鲇的池塘养殖技术［J］. 水利渔业，25（2）：
42－43.

刘善成，李兴友. 2004. 鸭绿江野生斑鳜网箱驯养技术［J］. 中国水产，（9）：49.

刘孝华. 2007. 鳜鱼的生物学特性及人工养殖［J］. 安徽农业科学，35（34）：11078－11080.

刘义新，金广海，于翔，等. 2012. 北方地区池塘鲇鱼高效健康养殖模式［J］. 科学养鱼，

（1）：38－39.

刘义新. 2007. 东北本地鲇的养殖技术［J］. 中国水产，（6）：83－88.

刘英，于铁梅，胡国红，等. 1999. 怀头鲇人工繁殖及苗种培育的研究［J］. 水利渔业，19（4）：17－18.

刘月芬. 2007. 盘锦地区斑鳜人工繁殖技术［J］. 中国水产，（2）：36－37.

卢彤岩，潘伟志. 2000. 杂交鲇（怀头鲇♀×鲇鱼♂）常见病及防治技术［J］. 水产学杂志，13（2）：74－79.

吕耀平，曹明富，姚子亮，等. 2007. 花鱼骨和唇鱼骨的含肉率及肌肉营养成分分析［J］. 水生生物学报，31（6）：843－848.

吕耀平. 2008. 唇鱼骨1龄鱼和2龄鱼形态特征参数及其相关性比较分析［J］. 上海水产大学学报，17（2）：170－174.

骆小年，李军，杨培民，等. 2014. 拉氏鱥池塘苗种培育［J］. 水产科学，33（3）：186－189.

骆小年，李军，金广海，等. 2013. 唇鱼骨池塘苗种培育试验［J］. 水产科学，32（2）：102－105.

骆小年，李军，金广海，等. 2013. 拉氏鱥人工繁殖试验［J］.，水产科学，32（11）：673－675.

骆小年，李军，刘刚，等. 2011. 鸭绿江水系唇鱼骨胚胎发育、仔鱼饥饿及其不可逆点［J］. 中国水产科学，18（6）：1278－1285.

骆小年，李军，夏大明，等. 2011. 唇鱼骨人工繁殖试验［J］. 水产学杂志，24（2）：9－12.

骆小年，李军，赵晓临，等. 2009. 鸭绿江斑鳜开口饵料初步研究［J］. 水产学杂志，22（1）：31－34.

骆小年，李军，赵晓临，等. 2010. 鸭绿江斑鳜规模化人工繁殖技术研究［J］. 水产科学，23（2）：25－28.

骆小年，李文宽，王丹. 2002. 怀头鲇亲鱼鉴别与运输［J］. 中国水产，（2）：37.

骆小年，梁旭方，易提林，等. 2014. 斑鳜水库网箱人工繁育与胚胎发育［J］. 水产学杂志，27（6）：22－29.

骆小年，梁旭方，周怡，等. 2014. 斑鳜养殖生物学研究进展［J］. 水产科学，33（1）：56－62.

骆小年，王丹，李文宽. 2002. 怀头鲇♀×鲇♂ 杂交繁育试验［J］. 水产科学，21（04）：1－3.

骆小年，肖祖国，李勃. 池塘主养怀头鲇试验，2001—2002 中国水产学会年会论文集.

骆小年，肖祖国. 李勃，等. 2001. 怀头鲇人工繁殖试验［J］. 中国水产.（6）：40－41.

马旭洲，崔存河，王志远，等. 2003. 鲇适口食物和同类相残的观察［J］. 水产科学，22（1）：37－38.

农业部渔业渔政管理局. 2014 中国渔业统计年鉴［M］. 北京：中国农业出版社，37.

潘伟志，陈军，赵春刚. 2004. 杂交鲇（怀头鲇♀×鲇鱼♂）胚胎发育进程［J］. 东北林业大学学报. 32（6）：66－68.

潘伟志，曲伟良，郭佳祥，等. 1992. 鲇鱼的人工繁殖［J］. 水产学报，16（3）：278－279.

潘伟志，尹洪滨，刘伟，等. 2000. 怀头鲇♀×鲇鱼♂ 远缘杂交繁育技术研究［J］. 水产学杂志，13（2）：74－79.

潘伟志，尹洪滨，孙德志，等. 1999. 杂交鲇（怀头鲇♀×鲇鱼♂）池塘养殖技术的研究［J］. 黑龙江水产，（1）：3－4.

潘伟志，尹洪滨，孙中武. 等. 1998. 杂交鲇（怀头鲇♀×鲇鱼♂）及其亲本肌肉营养成分分析［J］. 水产学杂志，11（2）：13－16.

乔志刚，常国亮，石灵. 2004. 鲇仔鱼开口饵料的研究［J］. 淡水渔业，34（2）：11－13.

邱春刚，刘丙阳，刘旭光，等. 2009. 汤河水库斑鳜的网箱养殖试验［J］. 中国水产，（4）：36－37.

邱吉华，王龙. 2012. 斑鳜池塘网箱养殖技术［J］. 江西水产科技，（2）：39.

宋林，李秋，鄂春宇. 2006. 怀头鲇疾病的防治［J］. 科学养鱼，（9）：55.

宋庆波，姜天祺. 2010. 淡水养殖新品种——柳根子鱼［J］. 齐鲁渔业，27（9）：46.

孙向东. 2010. 怀头鲇池塘精养技术［J］. 江西水产科技，（2）：27－28.

唐文联. 1998. 鳜鱼的种类及其区别［J］. 内陆水产，（3）：29.

涂根军，吴孝兵，晏鹏，等. 2011. 长江斑鳜的人工繁殖和苗种培育研究［J］. 水生态学杂志，（5）：137－141.

汪开毓等主编. 2012. 鱼病诊治彩色图谱。中国农业出版社.

王丹，李文宽，闫有利，等. 2007. 鸭绿江斑鳜胚胎及胚后发育观察［J］. 大连水产学院学

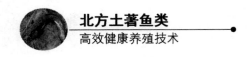

报, 22 (6)：415 - 420.

王广军, 谢骏, 庞世勋, 等. 2006. 珠江水系大眼鳜的繁殖生物学 [J]. 水产学报, 30 (1)：50 - 55.

王茂林, 曹为, 赵兴文, 等. 2013. 怀头鲇仔稚鱼自残行为影响因素的分析 [J]. 湖北农业科学, 52 (7)：1616 - 1619.

王青云, 曾可为, 夏儒龙, 等. 2005. 斑鳜的人工繁殖技术研究 [J]. 内陆水产, (5)：39 - 41.

王雯, 贾银涛, 陈毅峰. 2012. 绥芬河三种经济鱼类的生物学特性研究 [J]. 安徽师范大学学报 (自然科学版), (5)：466 - 470.

王武. 2000. 鱼类增养殖学 [M]. 北京：中国农业出版社, 223.

王义, 李世阳, 齐德权. 2013. 唇䱻人工繁殖和鱼苗培育试验 [J]. 科学养鱼, 29 (10)：8 - 9.

王永莉, 王义民, 李涛. 2009. 池塘培育斑鳜鱼种试验 [J]. 黑龙江水产, (2)：1 - 2.

魏刚, 黄林. 1997. 鲇繁殖生物学的研究 [J]. 水产学报, 21 (3)：225 - 232.

吴立新, 姜志强, 秦克静, 等. 1996. 碧流河水库斑鳜年龄和生长的研究 [J]. 大连水产学院学报, 11 (2)：30 - 38.

吴立新, 姜志强, 秦克静. 1997. 碧流河水库斑鳜的食性及其渔业利用 [J]. 中国水产科学, 4 (4)：25 - 29.

吴立新, 邹波. 1993. 碧流河水库斑鳜胚胎发育的形态观察 [J]. 水产科学, 12 (9)：5 - 8.

吴淑勤, 李新辉, 潘厚军, 等. 1997. 鳜暴发性传染病病原研究 [J]. 水产学报, 21 (增刊)：56 - 60.

吴翔, 杜刚. 2003. 鲇怀人工杂交繁殖技术 [J]. 黑龙江水产, (2)：10 - 11.

吴旋, 贾志超, 张家全, 等. 2012. 温度对唇䱻消化组织消化酶活性的影响 [J]. 天津农学院学报, 19 (4)：32 - 35.

吴遵霖, 李蓓, 吴凡, 等. 2002. 鳜鱼驯饲集约式网箱养殖技术 [J]. 淡水渔业, 32 (4)：55 - 56.

伍献文, 杨干荣, 乐佩琦, 等. 1979. 中国经济动物志淡水鱼类 (第二版) [M]. 北京：科学技术出版社, 85 - 86.

伍献文．1977．中国鲤科鱼类志［M］．上海：上海人民出版社，443－446．

夏大明，吴瑞兰，赵晓临，等．2007．斑鱯的人工繁殖及养殖试验［J］．科学养鱼，（9）：30－31．

夏克立，孙占胜，陈一骏．2003．东北大口鲇人工繁殖及苗种培育技术［J］．淡水渔业，33（1）：36－38．

夏儒龙，曾可为，王青云，等．2006．斑鱯苗种培育技术研究［J］．科学养鱼，（6）：10－11．

肖智，郑文彪，方昆阳．1998．鲇胚胎发育及温度对其影响的研究［J］．华南师范大学学报，（3）：9－15．

肖智．2000．鲇繁殖习性的研究［J］．中山大学学报论丛，20（5）：41－44．

谢从新．1983．神农架斑鳜生物学的研究［J］．水库渔业，（4）：48－50．

熊邦喜，庄平，庄振朋，等．1984．长江鲹胚前和胚后发育的初步观察［J］．华中农业大学学报，3（1）：69－76．

熊邦喜．1984．神农架长江鲹繁殖生物学的初步研究［J］．水库渔业，（2）：35－39．

徐伟，曹顶臣，匡友谊．2004．鲇仔鱼的摄食和生长研究［J］．大连水产学院学报，19（1）：62－65．

徐伟，李池陶，曹顶臣，等．2008．乌苏里江唇鲹的鳞片和生长特征［J］．动物学杂志，43（3）：108－112．

徐伟，李池陶，曹顶臣，等．2007．乌苏里江唇鲹耗氧率和窒息点的初步研究［J］．广东海洋大学学报，27（3）：11－15．

徐伟，李池陶，曹顶臣．2007．饵料、温度对唇鲹生长影响的初步研究［J］．浙江海洋学院学报（自然科学版），26（3）：339－342．

徐伟，李池陶，耿龙武，等．2009．乌苏里江唇鲹的全人工繁育［J］．中国水产科学，16（4）：550－555．

徐伟，李池陶，耿龙武，等．2009．乌苏里江唇鲹人工繁育技术要点［J］．科学养鱼，（1）：6－7．

徐忠源．2015．拉氏鲹的生物学特性及养殖前景［J］．中国水产，（2）：62－64．

许建红，劳顺健．2002．斑鱯人工养殖技术初探［J］．科学养鱼，（7）：26．

闫有利，李敬伟，郭冰，等．2009．斑鱯的人工繁殖与苗种培育试验［J］．水产科学，28

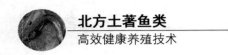

（2）：97 – 99.

杨华莲，马立鸣，何川. 2009. 罗非鱼套养怀头鲇试验 [J]. 中国水产，（3）：31 – 32.

杨建光，郭贵良. 2006. 怀头鲇养成商品鱼高产高效技术 [J]. 内陆水产，（7）：11.

杨培民，金广海，刘义新，等. 2014. 辽宁水系洛氏鱥仔、稚鱼形态发育与生长特征 [J].
  水产学杂志，27（5）：28 – 34.

杨培民，刘刚，张涛，等. 2009. 鲇幼鱼耗氧率与氨氮排泄率的初步研究 [J]. 大连水产学
  院学报，24（5）：470 – 474.

杨培民，刘义新，金广海，等. 2014. 水温和体质量对拉氏鱥的耗氧率和窒息点的影响 [J].
  水产学杂志，27（3）：44 – 47.

杨培民，骆小年，金广海，等. 2014. 鸭绿江唇鲴仔、稚鱼形态发育与早期生长 [J]. 水生
  生物学报，38（1）：1 – 9.

杨武. 2008. 斑鳜性腺发育的周年变化 [D]. 上海：上海海洋大学.

姚子亮，吕耀平，林巧玲，等. 2008. 六种药物对唇鲴鱼苗的急性毒性试验 [J]. 淮阴师范
  学院学报（自然科学版），7（1）：59 – 63.

于信勇，刘婉莹，戴朝芳，等. 1999. 六须鲇的池塘养殖试验 [J]. 黑龙江水产，（2）：
  15 – 16.

曾可为，王青云，高银爱，等. 2005. 斑鳜的生物学及繁殖生物学的研究 [J]. 内陆水产，
  （2）：21 – 23.

曾兰，卢智发，杨家坚. 2013. 六须鲇苗种繁育技术研究 [J]. 广西水产科技，（3）：
  18 – 24.

张德志. 2006. 斑鳜的网箱养殖试验 [J]. 内陆水产，（5）：14 – 15.

张国强，卢全伟，高杰，等. 2012. 淇河斑鳜人工繁育技术 [J]. 科学养鱼，（4）：11.

张衡，樊伟，张健. 2009. 长江河口及上海地区鱼类新记录种——长身鳜 [J]. 动物学研究，
  30（1）：109 – 122.

张磊，樊启学，方巍，等. 2009. 微流水培养条件下斑鳜仔鱼的摄食与生长 [J]. 水生生物
  学报，33（6）：1152 – 1159.

张立民，陈军，赵春刚，等. 2006. 怀头鲇池塘规模化养殖技术初步研究 [J]. 黑龙江水产，
  （5）：1 – 2. 16.

赵传永，戴一琰，史飞，等. 2009. 网箱健康养殖斑鳜成鱼技术 [J]. 水产养殖，（6）：29－30.

赵晓临，夏大明，李军，等，2008. 斑鳜网箱配合饲料驯养及其活动与摄食行为的初步观察 [J]. 水产学杂志，21（2）：37－41.

赵晓临，夏大明，骆小年，等. 2009. 网箱养殖的鸭绿江斑鳜生长特性及饲养模式 [J]. 水产学杂志，22（2）：26－48.

郑玉珍，王玉新，田功太，等. 2008. 斑鳜的生物学特性及繁殖技术 [J]. 齐鲁渔业，25（5）：13－14.

郑玉珍，王玉新，田功太，等. 2009. 斑鳜人工繁殖技术研究 [J]. 内陆水产，（1）：36－37.

钟明超，黄浙. 1993. 关于鮎的卵色 [J]. 水产学报，17（3）：262－263.

周才武，杨青，蔡德霖. 1988. 鳜亚科 SINIPERCINAE 鱼类的分类整理和地理分布 [J]. 动物学研究，9（2）：113－125.

周灵国，岳乃鱼，王万云，等. 2003. 陕西牛背梁国家级自然保护区鱼类物种多样性调查及保护对策 [J]. 陕西师范大学学报（自然科学版），S2：1－4.

周庆武，于飞天. 2006. 杂交怀头鮎池塘主养高产技术 [J]. 渔业致富指南，（17）：34－35.

邹起. 史玉明. 1994. 黑龙江六须鮎的生物学及试养观察 [J]. 黑龙江水产，（4）：31－32.

Dong W. C. 1976. *Clonorchis sinensis* in KYungpook Province，Korea 2. Demonstration of metacercaria of *Clonorchis sinensis* from fresh－water fish [J]，The Korean Journal of Parasitology，14（1）：10－16.

Fu C Z，Wu J H，Chen J K et al.，2003. Freshwater fish biodiversity in the Yangtze River basin of China：patterns，threats and conservation [J] Biodiversity and Conservation，12：1649－1685.

Mai D Y. 1985. Species composition and distribution of the freshwater fish fauna of the North of Vietnam [J]. Hydrobiologia，121（3）：281－286.

Zhang L，Wang Y J，Hu M H，et al.，2009. Effects of the timing of initial feeding on growth and survival of spotted mandarin fish *Siniperca scherzeri* larvae [J]. Journal of Fish Biology，（75）：1158－1172.